HITE 7.0
培养体系

HITE 7.0全称厚溥信息技术工程师培养体系第7版，是武汉厚溥企业集团推出的"厚溥信息技术工程师培养体系"，其宗旨是培养适合企业需求的IT工程师，该体系被国家工业和信息化部人才交流中心鉴定为国家级计算机人才评定体系，凡通过HITE课程学习成绩合格的学生将获得国家工业和信息化部颁发的"全国计算机专业人才证书"，该体系教材由清华大学出版社全面出版。

HITE 7.0是厚溥最新的职业教育课程体系，该职业体系旨在培养移动互联网开发工程师、智能应用开发工程师、企业信息化应用工程师、网络营销技术工程师等。它的独特之处在于每年都要根据技术的发展进行课程的更新。在确定HITE课程体系之前，厚溥技术中心专业研究员在IT领域和一些非IT公司中进行了广泛的行业调查，以了解他们[]往目前和将来[]的数据库系统、前端开发工具和软件包等应用程序，每个产品系列均以培养符合企业需求的软件工程师为目标而设计。在设计之前，研究员对IT行业的岗位序列做了充分的调研，包括研究从业人员技术方向、项目经验和职业素质等方面的需求，通过对所面向学生的自身特点、行业需求的现状以及项目实施等方面的详细分析，结合厚溥对软件人才培养模式的认知，按照软件专业总体定位要求，进行软件专业产品课程体系设计。该体系集应用软件知识和多领域的实践项目于一体，着重培养学生的熟练度、规范性、集成和项目能力，从而达到预定的培养目标。整个体系基于ECDIO工程教育课程体系开发技术，可以全面提升学生的价值和学习体验。

一、移动互联网开发工程师

在移动终端市场竞争下，为赢得更多用户的青睐，许多移动互联网企业将目光瞄准在应用程序创新上。如何开发出用户喜欢，并能带来巨大利润的应用软件，成为企业思考的问题，然而这一切都需要移动互联网开发工程师来实现。移动互联网开发工程师成为求职市场的宠儿，不仅薪资待遇高，福利好，更有着广阔的发展前景，倍受企业重视。

移动互联网企业对Android和Java开发工程师需求如下：

已选条件：	Java(职位名)	Android(职位名)
共计职位：	共51014条职位	共18469条职位

1. 职业规划发展路线

Android				
★	★★	★★★	★★★★	★★★★★
初级Android开发工程师	Android开发工程师	高级Android开发工程师	Android开发经理	移动开发技术总监
Java				
★	★★	★★★	★★★★	★★★★★
初级Java开发工程师	Java开发工程师	高级Java开发工程师	Java开发经理	技术总监

2. 素质能力提升路径

1 大学生	2 大学生活	3 学习习惯	4 职业目标	5 沟通表达	6 自我管理
12 准职业人	11 职业路线	10 求职技能	9 就业意识	8 融入团队	7 形象礼仪

3. 专业技能提升路径

1 大学生	2 计算机基础	3 编程基础	4 软件工程	5 数据库	6 网站技术
12 准职业人	11 产品规划	10 项目技能	9 高级应用	8 APP开发	7 基础应用

4. 项目介绍

(1) 酒店点餐助手

(2) 音乐播放器

二、智能应用开发工程师

随着物联网技术的高速发展，我们生活的整个社会智能化程度将越来越高。在不久的将来，物联网技术必将引起我国社会信息的重大变革，与社会相关的各类应用将显著提升整个社会的信息化和智能化水平，进一步增强服务社会的能力，从而不断提升我国的综合竞争力。 智能应用开发工程师未来将成为热门岗位。

智能应用企业每天对.NET开发工程师需求约15957个岗位(数据来自51job)：

已选条件：	.NET(职位名)
共计职位：	共15957条职位

1. 职业规划发展路线

★	★★	★★★	★★★★	★★★★★
初级.NET 开发工程师	.NET 开发工程师	高级.NET 开发工程师	.NET 开发经理	技术总监
★	★★	★★★	★★★★	★★★★★
初级 开发工程师	智能应用 开发工程师	高级 开发工程师	开发经理	技术总监

2. 素质能力提升路径

1 大学生	2 大学生活	3 学习习惯	4 职业目标	5 沟通表达	6 自我管理
12 准职业人	11 职业路线	10 求职技能	9 就业意识	8 融入团队	7 形象礼仪

3. 专业技能提升路径

1 大学生	2 计算机基础	3 编程基础	4 软件工程	5 数据库	6 网站技术
12 准职业人	11 产品规划	10 项目技能	9 高级应用	8 智能开发	7 基础应用

4. 项目介绍

(1) 酒店管理系统

(2) 学生在线学习系统

三、企业信息化应用工程师

当前，世界各国信息化快速发展，信息技术的应用促进了全球资源的优化配置和发展模式创新，互联网对政治、经济、社会和文化的影响更加深刻，围绕信息获取、利用和控制的国际竞争日趋激烈。企业信息化是经济信息化的重要组成部分。

IT企业每天对企业信息化应用工程师需求约11248个岗位（数据来自51job）：

已选条件：	ERP实施(职位名)
共计职位：	共11248条职位

1. 职业规划发展路线

初级实施工程师	实施工程师	高级实施工程师	实施总监
信息化专员	信息化主管	信息化经理	信息化总监

2. 素质能力提升路径

1 大学生	2 大学生活	3 学习习惯	4 职业目标	5 沟通表达	6 自我管理
12 准职业人	11 职业路线	10 求职技能	9 就业意识	8 融入团队	7 形象礼仪

3. 专业技能提升路径

1 大学生	2 计算机基础	3 编程基础	4 软件工程	5 数据库	6 网站技术
12 准职业人	11 产品规划	10 项目技能	9 高级应用	8 实施技能	7 基础应用

4. 项目介绍

(1) 金蝶K3

(2) 用友U8

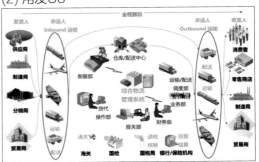

四、网络营销技术工程师

在信息网络时代，网络技术的发展和应用改变了信息的分配和接收方式，改变了人们生活、工作、学习、合作和交流的环境，企业也必须积极利用新技术变革企业经营理念、经营组织、经营方式和经营方法，搭上技术发展的快车，促进企业飞速发展。网络营销是适应网络技术发展与信息网络时代社会变革的新生事物，必将成为跨世纪的营销策略。

互联网企业每天对网络营销工程师需求约47956个岗位(数据来自51job)：

已选条件：	网络推广SEO(职位名)
共计职位：	共47956条职位

1. 职业规划发展路线

网络推广专员	网络推广主管	网络推广经理	网络推广总监
网络运营专员	网络运营主管	网络运营经理	网络运营总监

2. 素质能力提升路径

1 大学生	2 大学生活	3 学习习惯	4 职业目标	5 沟通表达	6 自我管理
12 准职业人	11 职业路线	10 求职技能	9 就业意识	8 融入团队	7 形象礼仪

3. 专业技能提升路径

1 大学生	2 计算机基础	3 编程基础	4 网站建设	5 数据库	6 网站技术
12 准职业人	11 产品规划	10 项目实战	9 电商运营	8 网络推广	7 网站SEO

4. 项目介绍

(1) 品牌手表营销网站

(2) 影院销售网站

广西壮族自治区"十四五"职业教育规划教材

HITE 7.0 软件开发与应用工程师

JavaScript 基础 与实例教程

北海职业学院
武汉厚溥数字科技有限公司　主编

清华大学出版社

北　京

内 容 简 介

本书是广西壮族自治区"十四五"职业教育规划教材，按照高职高专计算机课程基本要求，以工单任务、案例驱动的形式来组织内容，突出计算机课程的实践性特点。本书包括 8 个知识单元——初识 JavaScript、JavaScript 基本语法、设计程序结构、数组和对象、JavaScript 中的函数、BOM 和 DOM、JavaScript 中的事件、JavaScript 正则表达式，并通过 8 个项目案例——登录和欢迎界面、商品信息管理、首页问候语、购物车功能、购物车结算功能、商城轮播图特效、滚动条的滚动事件、商城的登录验证，强化对知识的理解和技能的掌握。

本书内容安排合理，结构清晰，实例丰富，突出理论和实践的结合，可作为各类高等院校及相关技能的培训教材，也可供广大程序设计人员参考。

图书在版编目(CIP)数据

JavaScript 基础与实例教程 / 北海职业学院，武汉厚溥数字科技有限公司　主编. —北京：清华大学出版社，2023.8

(HITE 7.0 软件开发与应用工程师)

ISBN 978-7-302-63942-8

I. ①J…　II. ①北…②武…　III. ①JAVA 语言—程序设计—教材　IV. ①TP312.8

中国国家版本馆 CIP 数据核字(2023)第 115798 号

责任编辑：刘金喜
封面设计：王　晨
版式设计：思创景点
责任校对：成凤进
责任印制：宋　林

出版发行：清华大学出版社
　　　　　网　　　　址：http://www.tup.com.cn，http://www.wqbook.com
　　　　　地　　　　址：北京清华大学学研大厦 A 座　　　　　　　　邮　　编：100084
　　　　　社 总 机：010-83470000　　　　　　　　　　　　　　　邮　　购：010-62786544
　　　　　投稿与读者服务：010-62776969，c-service@tup.tsinghua.edu.cn
　　　　　质 量 反 馈：010-62772015，zhiliang@tup.tsinghua.edu.cn
印 装 者：三河市铭诚印务有限公司
经　　销：全国新华书店
开　　本：185mm×260mm　　　印　　张：15.25　　插　　页：2　　字　　数：314 千字
版　　次：2023 年 9 月第 1 版　　印　　次：2023 年 9 月第 1 次印刷
定　　价：69.00 元

产品编号：102966-01

编 委 会

前　言

　　JavaScript 是由 Netscape(网景公司)的 LiveScript 发展而来的、原型化继承的、基于对象的、动态类型的、区分大小写的客户端脚本语言，主要目的是解决服务器端语言(如 Perl)遗留的速度问题，为客户提供更流畅的浏览体验。当时服务器端需要对数据进行验证，由于网络速度慢，验证步骤消耗的时间太多，于是 Netscape 的浏览器 Navigator 加入了 JavaScript，提供了数据验证的基本功能。JavaScript 是一种基于对象和事件驱动并具有相对安全性的客户端脚本语言，同时也是一种广泛用于客户端 Web 开发的脚本语言，常用来给 HTML 网页添加动态功能，如响应用户的各种操作。它最初由 Netscape 公司的 Brendan Eich 设计，是一种动态的、弱类型的、基于原型的语言，内置支持类。

　　本书是广西壮族自治区"十四五"职业教育规划教材，采用了工作手册式的设计方案，同时本书作为广西壮族自治区教育科学"十四五"规划课题(2023A110)主要成果，适用于现代学徒制学徒用书。

　　本书坚持正确的政治方向和价值导向，全面落实课程思政要求，弘扬劳动光荣、技能宝贵、创造伟大的时代风尚；遵循职业教育教学规律和人才成长规律，以工单任务为载体，注重理论与实践相结合；强调"以学生为中心"的教学理念，建立完善的教学评估体系，适应专业建设、课程建设、教学模式与方法改革创新等方面的需要，满足项目学习、案例学习、模块化学习等不同学习方式要求，有效激发学生的学习兴趣和创新潜能，从而提高学生的实践能力和职业素养。同时教材由校、政、行、企各类专家共同编写完成，在开发本教材之前，我们对 IT 行业的岗位序列做了充分的调研，包括研究从业人员技术方向、项目经验和职业素养等方面的需求，通过对所面向学生的特点、行业需求的现状及实施等方面的详细分析，结合学校对软件人才培养模式的认知，按照软件专业总体定位要求，进行课程体系设计，着重培养学生的熟练度、规范性、集成和项目实施能力，从而达到预定的培养目标。

　　本书包括 8 个知识单元——初识 JavaScript、JavaScript 基本语法、设计程序结构、数组和对象、JavaScript 中的函数、BOM 和 DOM、JavaScript 中的事件、JavaScript 正则表达式，并通过 8 个项目案例——登录和欢迎界面、商品信息管理、首页问候语、购物车功能、购物车结算功能、商城轮播图特效、滚动条的滚动事件、商城的登录验证，强化对知识的理解和技能的掌握。

我们对本书的编写体系做了精心的设计，按照"工单任务—工作手册—理论学习—上机实战—单元自测—单元小结—工单评价"这一思路进行编排。"工单任务"部分主要以工单的形式给读者下发任务，在各项目学习之前先明确本项目的学习任务和目标；"工作手册"部分主要是工单描述和工单所涉及知识点的介绍；"理论学习"部分描述通过案例要达到的学习目标与涉及的相关知识点，使学习目标更加明确；"上机实战"部分对案例进行了详尽分析，通过完整的步骤帮助读者快速掌握该案例的操作方法；"单元自测"部分帮助读者理解项目知识点；"单元小结"部分概括案例所涉及的知识点，使知识点完整系统地呈现；"工单评价"部分给读者提供评价反馈表。本书在内容编写方面，力求细致全面；在文字叙述方面，争取言简意赅、重点突出；在案例选取方面，强调案例的针对性和实用性。

本书凝聚了编者多年来的教学经验和成果，可作为各类高等院校及相关技能的培训教材，也可供广大程序设计人员参考。

为便于教学，本书提供了 PPT 课件、教案、案例源代码等教学资源，并提供了慕课课程(https://mooc1.chaoxing.com/course-ans/courseportal/235851800.html)，读者可通过扫描下方二维码下载和学习。

教学资源

慕课课程

本书由北海职业学院和武汉厚溥数字科技有限公司联合主编，由祝小玲、罗思思、刘彦宇、余剑、詹谨恒等多位学校名师、企业专家编写，由麦齐好、陈治坤、朱新琰等职业教育专家审核。本书编者长期从事项目开发和教学实施，并且对当前高校的教学情况非常熟悉，在编写过程中充分考虑不同学生的特点和需求，加强了项目实战方面的教学。在本书的编写过程中，得到了北海职业学院和武汉厚溥数字科技有限公司各级领导的大力支持，在此对他们表示衷心的感谢。

限于编写时间和编者的水平，书中难免存在不足之处，希望广大读者批评指正。

服务邮箱：476371891@qq.com。

编　者

2023 年 3 月

目　录

项目
一

登录和欢迎界面的实现

项目简介

❖ 通过 JavaScript 程序设计技术的 alert( )函数、prompt( )函数和 document.write( )方法
完成北部湾助农商城的登录页面、账号录入和首页欢迎页的制作。

❖ 通过本模块初识 JavaScript 程序设计技术。

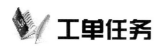 工单任务

任务编号/名称	PJ01.完成北部湾助农商城登录和欢迎页面				
工号		姓名		日期	
设备配置		实训室		成绩	
工单任务	1. 完成登录首页弹框提示。 2. 完成登录账号的录入。 3. 制作首页欢迎页面。				
任务目标	1. 使用 alert( )函数实现首页问候语展示。 2. 使用 prompt( )函数实现用户信息录入。 3. 使用 document.write( )方法实现登录完成的问候语展示。				

一、知识链接

1. 技术目标

① 熟悉 JavaScript 的用途和发展状况。

② 了解 JavaScript 的特点及组成。

③ 掌握 JavaScript 的基本使用方法。

2. 素养目标

① 培养学生良好的编码规范。

② 培养学生获取信息并利用信息的能力。

③ 培养学生综合与系统分析能力。

④ 激发学生对新技术学习和探索的热情，鼓励学生个人或团队结合专业，做延伸性学习或研究。

二、决策与计划

任务 1：弹出首页欢迎窗口

【任务描述】

在网页中使用 JavaScript 代码，在页面打开时弹出一个窗口，显示"欢迎登录商城！"。

【任务分析】

① 要在网页打开时弹出窗口，需要使用 JavaScript 的 alert( )函数。

② 可以使用在网页中嵌入<script>标签的方式实现。

【任务完成示例】

任务 2：在页面中弹出用户名输入框

【任务描述】

在页面中引入 JavaScript 外部文件，并使用 prompt( )函数在网页中弹出输入框，提示输入用户名。

【任务分析】

① 要在网页打开时弹出输入框，需要使用 JavaScript 的 prompt( )函数。

② 可以使用在网页中嵌入<script>标签的方式实现。

【任务完成示例】

任务 3：引入外部 JavaScript 文件，显示登录后的欢迎界面

【任务描述】

在页面中引入 JavaScript 外部文件，并使用 document.write()方法在网页中显示"欢迎***"，***为任务 2 输入的用户名，将文字放在层标签中，文字的大小是 36，文字的颜色是红色。

【任务分析】

① 要引入外部文件，必须首先创建*.js 文件。

② 要使用层，必须要用<div>标签，并将文字放在其中。

③ 使用<div>的 style 属性来控制文字的大小和颜色。

④ 注意双引号和单引号的使用。

【任务完成示例】

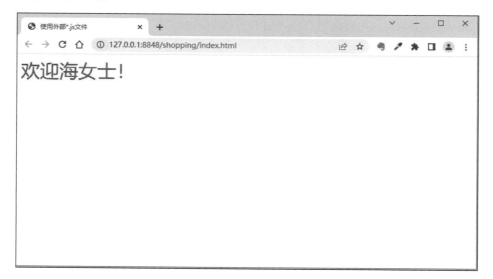

1. 实训软件工具

HBuilderX 2.6 版本或以上、VSCode 1.5 版本或以上。

2. 小组成员分工

个人完成。

三、实施

1. 任务内容及要求

任务编号	内容	要求
PJ0101	弹出首页欢迎窗口	1. 正确创建页面，要求页面名称无误。 2. 正确修改 title 内容。 3. 正确使用 script 标签。 4. 正确使用 alert( )函数，弹框正常。
PJ0102	在页面中弹出用户名输入框	1. 正确使用 prompt( )函数，弹框正常。 2. 正确修改弹出框 title 的内容。 3. 正确获取弹出框输入的内容。

续表

任务编号	内容	要求
PJ0103	引入外部 JavaScript 文件，显示登录后的欢迎界面	1. 正确创建页面和 JavaScript 文件，确保文件名称无误。 2. 正确使用 document.write( )方法。 3. 文字样式设置正确。 4. 正确显示内容。

2. 实施注意事项

① 编辑器按要求使用 HBuilderX 或 VSCode。

② 功能实现完整，并且调试无误。

③ 按编码规范进行编码。

工作手册

JavaScript 诞生于 1995 年，是一种基于对象的脚本语言，是网景公司(Netscape)最初在 Navigator 2.0 产品上设计并实现的，其前身叫作 LiveScript。它不仅具有条件分支结构、循环结构和函数等程序结构，而且支持 number、string 和 boolean 等原始数据类型，还包括数组对象、数学对象及正则表达式对象。自从 Sun 公司推出著名的 Java 语言之后，Netscape 公司采用了有关 Java 的程序概念，将自己原有的 LiveScript 重新进行设计并改名为 JavaScript，这纯粹是一种商业化的市场策略，所以认为 JavaScript 是简化版的 Java 完全是一种误解。

JavaScript 是客户端脚本语言，也就是说，JavaScript 是在客户的浏览器上运行的，所以，JavaScript 运行环境就是浏览器，不需要服务器的支持。推出 JavaScript 的最初动机是想要减轻服务器数据处理的负担，如表单数据的验证工作、在网页上显示时间和动态广告等。随着 JavaScript 所支持的功能日益增多，网页制作人员转而利用它来进行动态网页的设计。

JavaScript 是一种解释语言，其源代码在客户端执行之前不需要经过编译，而是将文本格式的字符代码在客户端由浏览器解释执行。这就是说，JavaScript 是需要浏览器支持的。Microsoft 公司的 Internet Explorer(IE)浏览器在以前的版本中是不支持 JavaScript 语言的，IE 4.0 之后开始全面支持 JavaScript，这使得 JavaScript 成为两大浏览器的通用语言，也成为当前制作动态网页的一项利器。

JavaScript 从一个简单的输入验证器发展成为一门强大的编程语言，完全出乎人们的意料。应该说，它既是一门非常简单的语言，又是一门非常复杂的语言。说它简单，是因为学会使用它只需很短时间；而说它复杂，是因为要真正掌握它则需要较长时间。要想全面理解和掌握 JavaScript，一定要清楚它的本质、历史和局限性。

1.1 JavaScript 简史

在 Web 技术日益流行的同时，人们对客户端脚本语言的需求也越来越强烈。较早时候，绝大多数互联网用户都使用速率仅为 28.8Kb/s 的"猫"(调制解调器)上网，但网页的大小和复杂性在不断增加，为完成简单的表单验证而频繁地与服务器交换数据只会加重客户端的负担。当时走在技术革新最前沿的 Netscape 公司，决定着手开发一种客户端语言，用来处理这种简单的验证。当时就职于 Netscape 公司的布兰登·艾奇(Brendan Eich)开始着手为计划于 1995 年 2 月发布的 Netscape Navigator 2 开发一种名为 LiveScript 的脚本语言——该语言将同时在浏览器和服务器中使用(它在服务器上的名字叫作 LiveWire)。为了赶在发布日期前完成 LiveScript 的开发，Netscape 公司与 Sun 公司建立了一个开发联盟。在 Netscape Navigator 2 正式发布前夕，Netscape 公司为了搭上媒体热炒 Java 的"顺风车"，临时把 LiveScript 改名为 JavaScript。由于 JavaScript 1.0 获得了巨大成功，Netscape 公司随即在 Netscape Navigator 3 中又发布了 JavaScript 1.1。Web 技术虽然羽翼未丰，但用户关注度却屡创新高。在这样的背景下，Netscape 把自己定位为市场领袖型公司。Netscape Navigator 3 发布后不久，微软公司就在其 Internet Explorer 3 中加入了名为 JavaScript 的 JavaScript 实现(命名为 JavaScript 是为了避开与 Netscape 有关的授权问题)，这个重大举措同时也标志着 JavaScript 作为一门语言，其开发向前迈进了一大步。微软公司推出其 JavaScript 实际意味着有了两个不同的 JavaScript 版本：Netscape Navigator 中的 JavaScript 和 Internet Explorer 中的 JavaScript。与 C 语言及其他编程语言不同，当时还没有标准规定 JavaScript 的语法和特性，两个不同版本并存的局面已经完全暴露了这个问题。随着业界人士的日益关注，JavaScript 的标准化问题被提上了议事日程。1997 年，以 JavaScript 1.1 为蓝本的建议被提交给欧洲计算机制造商协会(European Computer Manufacturers Association，ECMA)。该协会指定 39 号技术委员会(Technical Committee #39，TC39)负责"标准化一种通用、跨平台、供应商中立的脚本语言的语法和语义"。TC39 经过数月的努力完成了 ECMA-262——以定义一种名为 ECMAScript 的新脚本语言的标准。第二年，ISO/IEC(International Organization for Standardization and International Electrotechnical Commission，国标标准化组织和国际电工委员会)也采用了 ECMAScript 作为标准(即 ISO/IEC-16262)。自此以后，浏览器开发商就开始致力于将 ECMAScript 作为各自 JavaScript 实现的基础，也在不同程度上取得了成功。

1.2　在 HTML 中使用 JavaScript

在 HTML 中使用 JavaScript 有以下 4 种方法。

(1) 把 JavaScript 代码写在<script>…</script>标签中，将标签插入网页中。

(2) 由在<script>标签中使用的 src 属性指定使用外部脚本文件(.js)。

(3) 放置在事件处理程序中，该事件处理程序由 onclick 或 onmouseover 这样的 HTML 标签的属性值指定。

(4) 使用伪 URL，在浏览器的地址栏中使用特殊的 javascript:协议加上代码。例如，在浏览器的地址栏中输入 javascript: alert("hello")将显示"hello"消息框。

本章主要介绍在页面中使用 JavaScript 代码的前两种方法。

1.2.1　使用<script>标签

向 HTML 页面中插入 JavaScript 的主要方法，就是使用<script>标签。这个标签由 Netscape 公司创造并在 Netscape Navigator 2 中首先实现。后来，这个标签被加入正式的 HTML 规范中。HTML 4.01 为<script>定义了下列 5 个属性。

(1) async：可选。表示应该立即下载脚本，但不应妨碍页面中的其他操作，如下载其他资源或等待加载其他脚本。其只对外部脚本文件有效。

(2) defer：可选。表示脚本可以延迟到文档完全被解析和显示之后再执行，其只对外部脚本文件有效。IE 7 及更早版本对嵌入脚本也支持这个属性。

(3) language：已废弃。原来用于表示编写代码使用的脚本语言(如 JavaScript、JavaScript 1.2 或 VBScript)。大多数浏览器会忽略这个属性，因此也没有必要再用了。

(4) src：可选。表示包含要执行代码的外部文件。

(5) type：可选。可以看成是 language 的替代属性，表示编写代码使用的脚本语言的内容类型(也称为 MIME 类型)。虽然 text/javascript 和 text/ecmascript 都已经不被推荐使用，但人们使用的都还是 text/javascript。实际上，服务器在传送 JavaScript 文件时使用的 MIME 类型通常是 application/x－javascript，但在 type 中设置这个值却可能导致脚本被忽略。另外，在非 IE 浏览器中还可以使用 application/javascript 和 application/ ecmascript。考虑浏览器兼容性的最大限度，目前 type 属性的值依旧还是 text/javascript。不过，这个属性并不是必需的，如果没有指定这个属性，则其默认值仍为 text/javascript。

接下来看一段嵌入网页中的 JavaScript 代码，这是第一个 JavaScript 程序，这段代码能实现弹出一个窗口的功能。打开记事本，输入示例 1-1 所示的代码，保存为 helloworld.html。

示例 1-1：

```html
<!DOCTYPE html>
<html>
    <head>
        <meta charset="UTF-8" />
        <title></title>
    </head>
    <body>
        <script type="text/javascript">
          <!--
          //使用 window 对象的 alert( )函数弹出窗口
          alert("欢迎进入 JavaScript 世界！");
```

```
                    //-->
                </script>
        </body>
</html>
```

在 Chrome 浏览器中打开 helloworld.html，运行结果如图 1-1 所示。

图 1-1

与 HTML 语言一样，JavaScript 程序代码是一些可用文本编辑器浏览和编辑的文本。JavaScript 程序代码由<script language="javascript">...</script>标签来说明。在标签之间可加入 JavaScript 代码。W3C HTML 语法规范建议，language 属性最好不要使用，可以使用属性 type 来标识 MIME 使用的语言类型。JavaScript 的 MIME 类型通常使用 text/javascript。除在<script>标签中使用 type 属性外，依照 HTML 的规范必须也要指定<meta>元素。后面在<script>标签中统一使用 type 属性。

 提示

　　W3C 是指 World Wide Web 联盟，负责站点技术的标准化工作，如制定 HTML、XML、CSS 的规范和标准。W3C 的官方网站是 http://www.w3c.org，从该网站可以得到有关 Web 规范的标准信息。

示例 1-1 中使用 HTML 的注释标记，通过<!--...//-->标签来说明，如果浏览器不支持 JavaScript 代码，则其中的所有内容均被忽略。若浏览器支持，则执行其结果。使用注释是一个好的编程习惯，它使程序具有可读性。

从上面的实例分析中可以看出，编写 JavaScript 程序确实非常容易。

1.2.2 使用 JavaScript 外部文件

下面使用在网页中嵌入 JavaScript 源文件的方式来实现示例 1-1。打开 HBuilderX 2.6.5，新建一个 JavaScript 源文件，为文件命名 hello.js，如图 1-2 所示。

图 1-2

在创建的 hello.js 文件中输入以下代码：

```
alert("欢迎进入 JavaScript 世界！");
```

使用 HBuilderX 新建一个 HTML 网页 helloworld1.hmtl，代码如示例 1-2 所示。

示例 1-2：

```
<!DOCTYPE html>
<html>
    <head>
        <meta charset="UTF-8" />
        <title></title>
    </head>
    <body>
        <script src="js/hello.js" type="text/javascript" charset="UTF-8"></script>
    </body>
</html>
```

使用外部.js 文件的方式，同样可以实现弹出一个"欢迎进入 JavaScript 世界!"的界面。

1.2.3 JavaScript 编写规范

当学习一门新的语言时，很重要的一点就是要知道它有哪些主要特点。例如，代码是如何被执行的及编写 JavaScript 代码通常要遵循的规范等。

(1) JavaScript 代码一行一行地被浏览器解释执行。把 JavaScript 代码的函数定义和变量的声明放在页面的<head>…</head>标签内比较好。

(2) 使用 { } 符号来标识由多条语句组成的代码块。在 JavaScript 代码中，块的开始符号"{"和结束符号"}"必须是成对出现的。

(3) 关于 JavaScript 代码中的空格。JavaScript 会忽略多余的空白区域和空格。在 JavaScript 脚本中，出于编程的需要，可以添加额外的空格或制表符(Tab)使代码的格式工整，用来增强代码的可读性。

上机实战

上机目标

- 使用 HBuilderX 创建项目。
- 在页面中使用 JavaScript。
- 使用 alert( )函数实现页面弹框。

上机练习

练习：利用 JavaScript 弹框显示 Hello World！

【问题描述】

使用 JavaScript 在浏览器中弹框显示 Hello World!

【问题分析】

本练习主要练习 JavaScript 的基本用法。

【参考步骤】

(1) 创建 hello.html。

(2) 修改页面代码。

```html
<!DOCTYPE html>
<html>
    <head>
        <meta charset="UTF-8" />
        <title>欢迎界面</title>
```

```
        </head>
        <body>
            <script type="text/javascript">
                alert(' Hello World！ ');
            </script>
        </body>
</html>
```

(3) 按快捷键 F12，在 Chrome 浏览器中查看 hello.html 页面，结果如图 1-3 所示。

127.0.0.1:8848 显示

Hello World！

确定

图 1-3

 注意

严格按照编码规范进行编码，注意退格位置和代码大小写，以及符号为英文格式。

单元自测

1. 下列对 JavaScript 语言描述不正确的是(   )。

   A. JavaScript 在客户端执行

   B. JavaScript 由客户端解释执行

   C. JavaScript 语言是基于对象的

   D. JavaScript 在服务器端执行

2. 在网页中引入 JavaScript 外部文件应使用的标记是(   )。

   A. <body>

   B. <head>

   C. <script>

   D. <html>

3. 在网页中普通弹框函数为(   )。

   A. write()

   B. alert()

   C. console.log()

   D. get()

完成工单

PJ01 完成北部湾助农商城登录和欢迎页面

某公司拟开发一套购物商城项目，该系统包括登录、商品管理、商品详情、购物车、订单等模块。

开发此系统共涉及两大部分：

(1) 实现网站静态页面。

(2) 使用 JavaScript 实现网站交互效果。

本项目重点讨论如何使用 JavaScript 实现网站交互效果。

PJ01 任务目标

● 掌握在网页中引入 JavaScript 的两种方式。

● 掌握 JavaScript 的 alert( )函数。

● 掌握 JavaScript 的 prompt( )函数。

● 掌握 JavaScript 的 document.write( )方法。

PJ0101 弹出对话框显示文字

【任务描述】

在网页中使用 JavaScript 代码，在页面打开时弹出一个窗口，显示"欢迎登录商城！"。

【任务分析】

(1) 要在网页打开时弹出窗口，需要使用 JavaScript 的 alert( )函数。

(2) 可以使用在网页中嵌入<script>标签的方式实现。

【参考步骤】

(1) 创建新的 HTML 页面，命名为 task1.html。

(2) 更改网页中<title>的值为"欢迎界面！"。

(3) 修改 JavaScript 代码，如下所示。

```
<!DOCTYPE html>
<html>
    <head>
        <meta charset="UTF-8" />
        <title>欢迎界面</title>
    </head>
    <body>
        <script type="text/javascript">
            alert('欢迎登录商城！');
```

```
        </script>
    </body>
</html>
```

(4) 按快捷键 F12，在 Chrome 浏览器中查看 task1.html 页面，结果如图 1-4 所示。

图 1-4

(5) 修改上面的代码，把整个<script>标签拖动到<head>标签中，同时在<body>标签中加入一句静态文本"欢迎使用 JavaScript!"，代码如下。

```
<!DOCTYPE html>
<html>
    <head>
        <meta charset="UTF-8" />
        <title>欢迎界面</title>
        <script type="text/javascript">
            alert('欢迎登录商城！');
        </script>
    </head>
    <body>
        欢迎使用 JavaScript!
    </body>
</html>
```

按 F12 键运行，查看与刚才的顺序编写的代码实现的结果有什么不同。

PJ0102 在页面中弹出用户名输入框

【任务描述】

在任务 1 的基础上，在单击"欢迎登录商城"窗口的"确定"按钮后，弹出"请输入用户名"的输入对话框。

【任务分析】

(1) 要在网页打开时弹出输入对话框，需要使用 JavaScript 的 prompt( )函数。

(2) 可以使用在网页中嵌入<script>标签的方式实现。

【参考步骤】

(1) 在 task1.html 的基础上进行修改。

(2) 添加如下字体加粗部分的代码。

```
<!DOCTYPE html>
<html>
    <head>
        <meta charset="UTF-8" />
        <title>欢迎界面</title>
        <script type="text/javascript">
            alert('欢迎登录商城！');
        </script>
        <!--一个文件可以引入多个<script>标签,
        按前后位置顺序执行-->
        <script>                                    //可隐藏 type，type 默认为 text/javascript
            var username = prompt('请输入用户名');   //username 为输入值
        </script>
    </head>
    <body>
        欢迎使用 JavaScript!
    </body>
</html>
```

(3) 按 F12 键，在 Chrome 浏览器中打开 task1.html。在单击"欢迎登录商城"对话框的"确定"按钮后，运行结果如图 1-5 所示。

图 1-5

PJ0103 引入外部.js 文件，显示登录后的欢迎界面

【任务描述】

编写一个.js 文件，将任务 1 和任务 2 的<script>标签内的内容写进去，并将任务 2 输入的用户名显示在网页上，编写完后将.js 文件使用引入外部文件的方式引入 task1.html 页面中。

【任务分析】

(1) 要在网页打开时弹出输入对话框，需要使用 JavaScript 的 prompt( )函数。

(2) 在网页中引入外部.js 文件，方式为使用<script>标签内的 src 属性实现。

(3) 使用 document.write( )方法显示用户名。

【参考步骤】

(1) 在 task1.html 的同一级目录中新建 task1.js 文件，编写 task1.js 内容，如下所示。

```
alert('欢迎登录商城！');                    //弹出框
var username = prompt('请输入用户名');       //username 为输入值
document.write("欢迎您，"+username);         //显示用户名
```

(2) 修改 task1.html 的内容，引入 task1.js 文件，如下所示。

```
<!DOCTYPE html>
<html>
    <head>
        <meta charset="UTF-8" />
        <title>欢迎界面</title>
        <script src="task1.js"/>          //引入外部.js 文件
    </head>
    <body>
        欢迎使用 JavaScript!
    </body>
</html>
```

(3) 按 F12 键，在 Chrome 浏览器中打开 task1.html。输入用户名 "小红"，单击 "确定" 按钮后，运行结果如图 1-6 所示。

图 1-6

PJ01 拓展训练

(1) 试着将 task1.html 和 task1.js 两个文件放在不同的文件夹目录下，如图 1-7 所示。

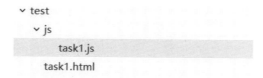

图 1-7

观察此时是否还能正常运行。

(2) 如果(1)运行不正常，尝试解决。

PJ01 评分表

序号	考核模块	配分	评分标准
1	PJ0101：弹出对话框显示文字	30	1. 正确创建页面，页面名称无误(5分) 2. 正确修改 title 内容(5分) 3. 正确使用<script>标签(10分) 4. 正确使用 alert( )函数，弹框正常(10分)
2	PJ0102：在页面中弹出用户名输入框	20	1. 正确使用 prompt( )函数(10分) 2. 正确修改弹框的 title 标题(10分)
3	PJ0103：引入外部.js文件，显示登录后的欢迎界面	40	1. 正确创建.js 文件，文件名称无误(10分) 2. 正确引入.js 文件(10分) 3. 正确显示弹出框的用户名(10分) 4. 正确获取弹出框输入的用户名(10分)
4	编码规范	10	文件名、标签名、退格等符合编码规范(10分)

单元小结

- JavaScript 语言是基于对象的语言。
- 通过<script>标签在网页中使用 JavaScript 语言。
- 使用<script>标签的 src 属性引入外部文件.js 文件。
- 掌握 JavaScript 中的数据交互。

 工单评价表

任务名称	PJ01.完成北部湾助农商城登录和欢迎页面				
工号		姓名		日期	
设备配置		实训室		成绩	
工单任务	1. 弹出对话框显示文字。 2. 在页面中弹出用户名输入框。 3. 引入外部.js 文件，显示登录后的欢迎界面。				
任务目标	1. 搭建商城项目框架。 2. 使用 alert( )函数实现欢迎问候语。 3. 使用 document.write( )方法实现问候语。				

任务编号	开始时间	完成时间	工作日志	完成情况
PJ0101				
PJ0102				
PJ0103				

1. 请根据自己任务完成的情况，对自己的工作进行自我评估，并提出改进意见。

   技术方面：

   素养方面：

2. 教师对学生工作情况进行评估，并进行点评摘要：

3. 学习小结：

4. 学生本次任务成绩：

项目

二

商品信息管理的实现

项目简介

❖ 主要完成北部湾助农商城项目中商品名称、单价、数量变量的声明。

❖ 完成商品总价的计算。

❖ 掌握 JavaScript 的基本数据类型。

❖ 掌握 JavaScript 的常用运算符。

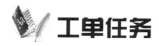 工单任务

任务编号/名称	PJ02.商城项目中商品名称、单价、数量的声明、赋值及计算				
工号		姓名		日期	
设备配置		实训室		成绩	
工单任务	1. 完成商品名称的声明和赋值。 2. 完成商品单价的声明和赋值。 3. 完成商品数量的声明和赋值。 4. 完成购物车商品总价的计算。				
任务目标	1. 实现展示商品详情功能。 2. 实现购物车商品总价计算功能。				

一、知识链接

1. 技术目标

① 掌握 JavaScript 变量的使用方法。

② 掌握 JavaScript 基本数据类型。

③ 掌握 JavaScript 数据类型的检测方法和转换。

④ 掌握 JavaScript 常用运算符。

2. 素养目标

① 培养学生良好的编码规范。

② 培养学生获取信息并利用信息的能力。

③ 培养学生综合与系统分析能力。

④ 通过介绍 JavaScript 进行计算的过程，使学生认识到计算机技术的两面性：既极大地提高了信息计算及交流效率，也带来了诸如隐私泄露、网络攻击、智力成果窃取、网络病毒等问题。通过将计算机伦理教育融入课堂教学，引导学生深刻理解并自觉践行职业道德和职业规范，增强职业责任感，提升学生的工程伦理素养。

二、决策与计划

任务 1：商城中商品名称、单价、数量的声明和赋值

【任务描述】

完成对商城中商品名称、单价、数量的声明。

【任务分析】

① 对商品名称和价格变量进行命名。

② 使用 prompt( )函数进行商品名称、价格和数量的赋值。

③ 使用 "+" 号连接符进行字符串拼接。

④ 使用 document.write( )方法将商品名称、单价和数量输出到页面中。

【任务完成示例】

任务 2：商品总价计算

【任务描述】

根据任务 1 的商品单价和数量计算出商品的总价并输出到页面中。

【任务分析】

① 总价=单价×数量。

② 使用 document.write( )方法将商品总价输出到页面中。

【任务完成示例】

1. 实训软件工具

HBuilderX 2.6 版本或以上、VSCode 1.5 版本或以上。

2. 小组成员分工

个人完成。

三、实施

1. 任务内容及要求

任务编号	内容	要求
PJ0201	商城中商品名称、单价、数量的声明和赋值	1. 变量命名要有意义。 2. 变量赋值正确。 3. 使结果正确输出到页面中。
PJ0202	商品总价计算	1. 总价命名有意义且符合命名规则，使用小驼峰命名规则。 2. 总价计算正确。 3. 结果正确输出到页面中。

2. 实施注意事项

① 编辑器按要求使用 HBuilderX 或 VSCode。

② 功能实现完整，并且调试无误。

③ 按编码规范进行编码。

在学习 JavaScript 的过程中，首先要了解它的一些基础知识。本项目先介绍数据类型和运算等一些基础知识，后面的章节将陆续介绍程序的控制和浏览器提供的内置对象及自定义的函数和对象。正是这些核心成分使得 JavaScript 功能强大，同时使用户实现复杂的业务逻辑这一想法成为可能。

2.1　JavaScript 基础

对于任何一种语言来说，掌握基本语法是学好这门语言的第一步，只有完全掌握了基础知识，才能游刃有余地学习后面的内容。本单元主要针对数据类型和运算符等基础语法进行详细讲解。

2.1.1　JavaScript 语法

JavaScript 语法借鉴了大量 C 语言、Java 语言的语法，但是相对来说更加宽松。

(1) 区分大小写。JavaScript 语言中的一切元素(变量、函数名和操作符)都区分大小写，也就意味着变量 count 与 COUNT 分别表示两个不同的变量。

(2) 标识符。所谓标识符，就是指变量、函数、属性的名字或者函数的参数。标识符可以是按照下列格式规则组合起来的一个或多个字符。

- 第一个字符必须是字母、下画线"_"或美元符号"$"。
- 其他字符可以是字母、下画线、美元符号或数字。

标识符也可以包含扩展的 ASCII 或 Unicode 字符(如 À 和 Æ)，但不推荐这样做。按照惯例，标识符采用驼峰大小写格式，也就是第一个字母小写，剩下的每个单词的首字母大写，如 firstSecond、myCar、doSomethingImportant。虽然没有强制要求必须采用这种格式，但为了与 ECMAScript 内置的函数和对象命名格式保持一致，可以将其当作一种最佳实践。

(3) 注释。ECMAScript 使用 C 语言风格的注释，包括单行注释和块级注释。

单行注释以两个斜杠开头，如下所示。

```
// 单行注释
```

块级注释以一个斜杠和一个星号"/*"开头，以一个星号和一个斜杠"*/"结尾，如下所示。

```
/*
* 这是一个多行
* (块级)注释
*/
```

虽然上面注释中的第二和第三行都以一个星号开头，但这并不是必需的。之所以添加两个星号，是为了提高注释的可读性(这种格式在企业级开发中应用得比较多)。

(4) 语句。JavaScript 语句以分号 ";" 结束，如果语句没有写分号，解析器将会确定语句是否结束，比如：

```
var count=0                 //没有以分号结束——不推荐
var sun=0;                  //有分号        ——推荐
```

虽然在 JavaScript 语句中以分号结束语句不是必需的，但是建议加上，在任何时候都尽量不要省略，因为这样可以避免一些不必要的错误。

(5) 严格模式。JavaScript 严格模式(strict mode)即在严格的条件下运行，它是在 JavaScript 1.8.5 (ECMAScript 5)中新增的。在严格模式下，ECMAScript 3 中的一些不确定操作将得到处理，而且对某些不安全的操作也会抛出错误。若要在整个脚本中启用严格模式，可以在顶部添加如下代码：

```
"use strict"
```

它是一个编译指示(pragma)，用于告诉支持的 JavaScript 引擎切换到严格模式。这是为了不破坏 JavaScript 第 3 版语法而特意选定的语法。在函数内部的上方包含这条编译指示，也可以指定函数在严格模式下执行：

```
function dothing(){
    "use strict";
    //函数体
}
```

严格模式下，JavaScript 的执行结果会有很大不同，因此本书将会随时指出严格模式下的区别。支持严格模式的浏览器包括 IE 10+、Firefox 4+、Safari 5.1+、Opera 12+和 Chrome。

2.1.2　关键字和保留字

JavaScript 描述了一组具有特定用途的关键字，这些关键字可用于表示控制语句的开始或结束，或者用于执行特定操作等。按照规则，关键字也是语言保留的，不能用作标识符。

JavaScript 的全部关键字(带*号上标的是第 5 版新增的关键字)包括 break、catch、debugger*、in、do、finally、function、try、instanceof、return、this、typeof、void、with、case、continue、default、else、for、if、new、switch、throw、var、while、delete。

JavaScript 还描述了另外一组不能用作标识符的保留字。尽管保留字在这门语言中还没有任何特定的用途，但它们有可能在将来被用作关键字。JavaScript 第 3 版定义的全部保留字有 abstract、byte、class、debugger、enum、extends、float、implements、int、long、package、protected、short、super、throws、volatile、boolean、char、const、double、export、final、goto、import、interface、native、private、public、static、synchronized、transient。

第 5 版把在非严格模式下运行时的保留字缩减为 class、enum、extends、super、const、export、import。

在严格模式下，第 5 版还对以下保留字施加了限制：implements、package、public、interface、private、static、let、protected、yield。

let 和 yield 是第 5 版新增的保留字，其他保留字都是第 3 版定义的。为了最大限度地保证兼容性，建议将第 3 版定义的保留字外加 let 和 yield 作为编程时的参考。在实现 JavaScript 3 的 JavaScript 引擎中使用关键字作为标识符，会导致"Identifier Expected"错误，而使用保留字作为标识符可能会导致相同的错误，具体取决于特定的引擎。第 5 版对使用关键字和保留字的规则进行了少许修改。关键字和保留字虽仍不能作为标识符使用，但现在可以用作对象的属性名。一般来说，最好都不要使用关键字和保留字作为标识符和属性名，以便与将来的 JavaScript 版本兼容。除上面列出的保留字和关键字外，JavaScript 第 5 版对 eval 和 arguments 还施加了限制。在严格模式下，这两个名字也不能作为标识符或属性名，否则会抛出错误。

2.1.3　JavaScript 数据类型

JavaScript 的数据类型与 Java 相似，分为基本数据类型和引用数据类型。基本数据类型有下面几种。

(1) 数值(number)数据类型。JavaScript 支持整数和浮点数，占 8 字节。整数可以为正数、0 或者负数；浮点数可以包含小数点，也可以包含一个 e(大小写均可，在科学记数法中表示"10 的幂")，或者同时包含这两项。

(2) 布尔(boolean)类型。boolean 类型的取值可以是 true 或 false。

(3) 未定义数据(undefined)类型。undefined 表示一个未声明的变量，或者已声明但没有赋值的变量，或者一个并不存在的对象属性。

(4) 空(null)数据类型。null 值就是没有任何值，什么也不表示。

引用数据类型有下面几种。

(1) 字符串(string)类型。字符串是用单引号或双引号来说明的。例如：

"One World ! One Dream ! "

(2) 数组(array)类型。数组是数据元素的有序集合。

(3) 对象(object)类型。对象是 JavaScript 中的重要组成部分，这部分将在后面章节详细介绍。

使用 typeof( )方法可以查看数据的类型。例如，var str="你好！";alert(typeof(str));将显示 string，var obj = null;alert(typeof(obj));将显示 object。

2.1.4 变量

变量就是所对应的值可能随程序的执行而变化的量。JavaScript 使用 var 关键字来声明一个变量。

1. JavaScript 中变量的命名规则

JavaScript 中变量的命名规则如下。

(1) 变量名的第一个字符只能是英文字母或下画线。

(2) 变量名从第二个字符开始，可以使用数字、字母或下画线。

(3) 变量名区分大小写，如变量 A 和变量 a 是两个不同的变量。

(4) 不能使用 JavaScript 的关键字(保留字)。

2. 变量定义的方法

在定义 JavaScript 变量时，可以使用以下方式。

(1) var name;　　　　　　　　只声明变量，没有给初值。

(2) var answer = null;　　　　声明变量的同时给变量赋空值。

(3) var price = 12.50;　　　　声明变量的同时给变量赋数值的值。

(4) var str ="Hello!Mike";　　声明变量的同时给变量赋字符串的值。

(5) var a, b, c;　　　　　　　使用逗号同时声明多个变量，没有给初值。

(6) result = true;　　　　　　省略 var 关键字来声明变量，赋布尔值。

虽然 JavaScript 中使用数据类型来描述数据，但是由于 JavaScript 语言本身是一种弱类型的语言，所以所定义变量的数据类型决定于变量的值本身。例如，开始声明一个变量 var str ="this is test! "，变量 str 是字符串类型，在程序运行的过程中可以把一个布尔值重新赋给这个变量，str = true，这时这个变量的数据类型就成为布尔型。这就说明了声明变量时不指定数据类型的原因。定义变量的代码如示例 2-1 所示。

示例 2-1：

```
<!DOCTYPE html>
<html>
<head>
    <meta charset="UTF-8">
    <title>变量的定义</title></head>
<body>
    <script type="text/javascript">


        var salary;              //定义变量
        salary = 2000;           //给变量赋值
        var name = "布什";
        var price = 2.5;
        var isFamle = true ;
        var obj = null ;
        //使用 document.write()方法，可以将数据输出到页面
        document.write("您的薪水是 : " +salary+ "元! salary 的类型是:"+typeof (salary)+"<br>");
        document.write("我的名字是 : " + name + "! name 的类型是:"+typeof(name) +"<br>");
        document.write("苹果价格是 : " + price + "元! price 的类型是:"+typeof (price)+"<br>");
        document.write("isFamle 的类型是:"+typeof(isFamle)+"<br>" );
        document.write("obj 的类型是:"+typeof(obj)+"<br>");


    </script>
</body>
</html>
```

页面浏览结果如图 2-1 所示。

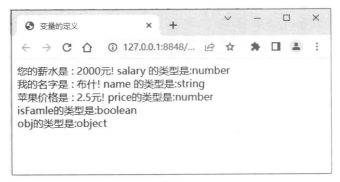

图 2-1

2.1.5　混合计算时的数据类型

各种数据类型混合在一起计算时，所计算出来的结果如下。

(1) 整数+小数结果是小数。

(2) 整数+字符串结果是字符串。

(3) 整数+布尔型结果是整数。

(4) 整数+空值结果是整数。

(5) 小数+字符串结果是字符串。

(6) 小数+布尔型结果是小数。

(7) 小数+空值结果是小数。

(8) 字符串+布尔型结果是字符串。

(9) 字符串+空值结果是字符串。

(10) 布尔型+空值结果是整数。

2.1.6　数据类型的转换

数据类型的转换在任何语言里都是一个至关重要的部分，如何将数据转换成程序中需要的数据类型，也是程序开发人员需要掌握的。JavaScript 中的数据类型转换分为自动类型转换和强制类型转换。

1. 自动类型转换

自动类型转换如表 2-1 所示。

表 2-1　自动类型转换

变量原来的值	string 类型	number 类型	boolean 类型	object 类型
var x;	string	number	boolean	object
未给初值	"undefined"	NaN	false	错误
null	"null"	0	false	object
非空字符串	字符串本身	字符串或 NaN	true	字符串对象
""	""	0	false	字符串对象
0	"0"	0	false	数值对象
不为 0 的数字	"数字本身"	数字本身	true	数值对象
NaN	"NaN"	/	false	数值对象
true	"true"	1	true	boolean 对象
false	"false"	0	false	boolean 对象

2. 强制类型转换

强制类型转换是指数字与字符串之间的转换。

(1) 转换成整数：用 parseInt( )函数。

(2) 转换成小数：用 parseFloat( )函数。

代码如示例 2-2 所示。

示例 2-2：

```html
<!DOCTYPE html>
<html>
<head>
    <meta charset="UTF-8">
    <title>类型转换</title>
</head>
<body>
    <script type="text/javascript">
        var address;
        document.write("address 的值是:" + address + "<br>");
        var phone = null;
        document.write("phone 的值是:" + phone + "<br>");
        var sname = "HOPE"; //定义变量
        var snameResult = parseInt(sname); //将变量转换成整型数字
        document.write("将姓名转换为数字的结果是:" + snameResult + "</br>");
        var age = "20"; //定义变量
        var ageResult = parseInt(age); //将变量转换成整型数字
        document.write("将年龄转换为数字的结果是:" + ageResult);
    </script>
</body>
</html>
```

页面显示结果如图 2-2 所示。

图 2-2

2.2 JavaScript 表达式和运算符

JavaScript 中，表达式是由操作数和操作符组成的。表达式先按照某个规则计算，然后把值返回。JavaScript 中的运算符主要分为以下几种类型：赋值运算符、算术运算符、结合运算符、比较运算符、逻辑运算符、字符串运算符、条件运算符。

2.2.1　赋值运算符

同 C 语言和 Java 语言一样，JavaScript 中最基本的运算是赋值运算。使用赋值运算符"="，把一个值赋给一个变量，例如，var name = "小王"; var isTrue = true。也可以使用赋值运算给多个变量同时赋值，例如，var x = y = z = w = 10，结果是所有的变量的值都是 10。学习中要注意"="和"=="的使用，有人经常会把"=="写成"="，这也是常犯的错误之一。

2.2.2　算术运算符

算术运算符如表 2-2 所示。

表 2-2　算术运算符

运算符	说明	示例	结果
+	加法运算	x = 5, y = 7; sum = x+y;	sum 值为 12
−	减法运算	x = 5, y = 7; sum = x−y;	sum 值为−2
*	乘法运算	x = 5, y = 7; sum = x*y;	sum 值为 35
/	除法运算	x = 5, y = 10; sum = x/y;sum1=y/x;	sum 值为 0.5，sum1 值为 2
%	取余运算	x = 5, y = 7; sum = x%y;sum1=y%x;	sum 值为 5，sum1 值为 2

代码如示例 2-3 所示。

示例 2-3：

```
<!DOCTYPE html>
<html>
<head>
    <meta charset="UTF-8">
    <title>算术运算符</title>
</head>
<body>
    <script type="text/javascript">
        var num1 = 5;
        var num2 = 4;
        document.write("和是:" + (num1 + num2) + "<br />");
        document.write("差是:" + (num1 - num2) + "<br />");
```

```
            document.write("积是:" + (num1 * num2) + "<br />");
            document.write("商是:" + (num1 / num2) + "<br />");
            document.write("余数是:" + (num1 % num2) + "<br />");
        </script>
    </body>
</html>
```

页面浏览结果如图 2-3 所示。

图 2-3

2.2.3 结合运算符

同 C 语言和 Java 语言一样，JavaScript 语言也支持结合运算。结合运算符如表 2-3 所示。

表 2-3 结合运算符

运算符	等价于	示例
x += y	x = x+y	var x = 5; x += 7; x 值是 12
x−= y	x = x−y	var x = 5; x−=7; x 的值是−2
x *= y	x = x * y	var x = 5; x *= 7; x 的值是 35
x /= y	x = x / y	var x = 5; x /= 2; x 的值是 2.5
x %= y	x = x % y	var x = 5; x %= 4; x 的值是 1

结合运算符中有两个特殊的运算符：自加运算符"++"和自减运算符"--"。使用过程中要注意是先加还是后加，先减还是后减。例如，var x = 3,var y;执行 y = x++和 y=++x 这两个语句后 y 的值是不同的，在程序中一定要注意使用。

2.2.4 比较运算符

比较运算符是比较两个操作对象，并返回一个逻辑值。操作对象既可以是数字，也可以是字符串值。比较运算符如表 2-4 所示。

表 2-4　比较运算符

运算符	说明	示例	结果
==	等于。如果两个操作数相等，则返回 true	2==2	true
!=	不等于。如果两个操作数不等，则返回 true	2 != 5	true
>	大于。如果左操作数大于右操作数，则返回 true	3 > 2	true
>=	大于或等于。如果左操作数大于或等于右操作数，则返回 true	5>=3	true
<	小于。如果左操作数小于右操作数，则返回 true	3<2	false
<=	小于或等于。如果左操作数小于或等于右操作数，则返回 true	3<=2	false
===	绝对相等。如果操作对象相等且类型相等，则返回 true	5 === 5	true
!==	绝对不等。如果操作对象不相等，并且不是同一类型，则返回 true	5 !== '5'	true

字符串按照字母表顺序进行比较，考虑字母有大小写，所以必须遵循下面的规则。

(1) 小写字母小于大写字母。

(2) 较短的字符串小于较长的字符串。

(3) 先出现在字母表的字符小于后面的字符。

例如，下面的例子均返回 true："b">"a" ; "thomas">"bush" ; "bbbbb">"b" ; "abC">"abc"。

2.2.5　逻辑运算符

逻辑运算符是对两个表达式进行处理，并返回一个布尔值，其真值表如表 2-5 所示。

表 2-5　逻辑运算符真值表

表达式 1 值	表达式 2 值	&&与运算结果	||或运算结果	!表达式 1 运算结果
true	true	true	true	false
true	false	false	true	false
false	true	false	true	true
false	false	false	false	true

问题：

下面的代码进行逻辑运算后的值是多少？

(1) var str="test "; str && true 结果是什么？ str || true 结果是什么？

(2) var num =12； num && true 结果是什么？ num || true 结果是什么？

(参照数据类型自动转换表)

2.2.6 字符串运算符

字符串运算符 "+" 对字符串进行连接处理。代码如示例 2-4 所示。

示例 2-4：

```html
<!DOCTYPE html>
<html>
<head>
        <meta charset="UTF-8">
        <title>字符串运算符</title>
</head>
<body>
        <script type="text/javascript">
                var str1 = "北京";
                var str2 = "欢迎你！";
                var str3 = str1 + str2 + "汤姆";
                document.write("str3=" + str3 + "<br>");
                var str4 = "请付" + 50 + "元的士费！";
                document.write("str4=" + str4);
        </script>
</body>
</html>
```

页面显示结果如图 2-4 所示。

图 2-4

2.2.7 条件运算符

条件运算符的语法：(条件)?条件真的值:条件假的值。例如，status = (age >= 18) ? "adult" :
"minor"表示如果 age >= 18，则将 adult 赋给 status，否则将 minor 赋给 status。

2.2.8　运算符的优先级

在表达式中，遇到多个操作符同时存在时，按优先级进行运算，如表 2-6 所示。

表 2-6　运算符的优先级

优先级	运算符
1	.　[]　()　++　--　!　typeof
2	*　/　%　+　-
3	<　<=　>　>=　==　!=　===　!===
4	&&　||　?:　=　*=　/=　%=　+=　-=

上机目标

- 使用 var 关键字进行变量声明。
- 使用常用数据类型。
- 进行类型自动转换。
- 使用运算符进行运算。

上机练习

练习 1：JavaScript 数据类型自动转换

【问题描述】

下面几个 alert( )方法的返回值各是多少？体会数据类型的自动转换。

① alert(2==true);

② alert(2===true) ;

③ alert("2"&&true);

④ alert(0 == "");

⑤ alert(null==false);

【问题分析】

本练习主要练习 JavaScript 数据类型自动转换。

【参考步骤】

(1) 创建 demo01.html。

(2) 修改页面代码。

```
<!DOCTYPE html>
<html>
<head>
    <meta charset="UTF-8" />
    <title>JavaScript 数据类型自动转换</title>
</head>
<body>
    <script type="text/javascript">
        alert(2==true);
        alert(2===true) ;
        alert("2"&&true);
        alert(0 == "");
        alert(null==false);
    </script>
</body>
</html>
```

(3) 按快捷键 F12，在 Chrome 浏览器中查看 demo01.html 页面。

练习 2：赋值运算

【问题描述】

查看结果：var w = 3, q = 2, t = 5, e = 8; w = q = t = e;请问最后的结果 w、t、e 的值各是多少？

【问题分析】

本练习主要练习 JavaScript 数据类型自动转换。

【参考步骤】

(1) 创建 demo02.html。

(2) 修改页面代码。

```
<!DOCTYPE html>
<html>
<head>
    <meta charset="UTF-8" />
    <title>JavaScript 数据类型自动转换</title>
</head>
<body>
    <script type="text/javascript">
        var w = 3, q = 2, t = 5, e = 8; w = q = t = e;
```

```
            alert("w="+w);
            alert("q="+q);
            alert("t="+t);
            alert("e="+e);
        </script>
    </body>
</html>
```

(3) 按快捷键 F12，在 Chrome 浏览器中查看 demo02.html 页面。

单元自测

1. 在 JavaScript 中，表达式 5 +"5"的计算结果是(　　)。

   A. 10 　　　　　　　 B. 55

2. 在 JavaScript 中，document.write(6/5)的输出结果是(　　)。

   A. 1 　　　　　　　 B. 1.2

3. 使用类型转换，var r = parseInt("A ") ; alert (r);弹出的对话框显示的是(　　)。

   A. NaN 　　　　　　 B. A

完成工单

PJ02 商城项目中商品名称、单价、数量的声明、赋值及计算

商城项目中购物车、订单等模块包含大量商品名称、单价、数量的声明，以及总价的计算，本次任务主要完成该部分内容。

PJ02 任务目标

- 完成商品名称、价格、数量的声明和赋值。
- 完成商品总价的计算。
- 掌握变量的含义及使用方法。
- 掌握 JavaScript 基本数据类型。
- 掌握常用运算符。

PJ0201 商城中商品名称、单价、数量的声明和赋值

【任务描述】

完成对商城中商品名称、单价、数量的声明。

【任务分析】

(1) 商品名称和价格变量的命名。

(2) 使用 prompt( )函数进行商品名称、价格和数量的赋值。

(3) 使用 "+" 号连接符进行字符串拼接。

(4) 使用 document.write( )方法将商品名称、单价和数量输出到页面中。

【参考步骤】

(1) 创建新的 HTML 页面，取名为 cart.html。

(2) 更改网页中<title>的值为 "购物车结算界面"。

(3) 修改 JavaScript 代码如下。

```
<!DOCTYPE html>
<html>
<head>
    <meta charset="UTF-8">
    <title>购物车结算界面</title>
</head>
<body>
    <script type="text/javascript">
        var product = prompt('请输入商品名称:');
        var price = prompt('请输入商品单价:');
        var num = prompt('请输入商品数量:');
        document.write('商品的名称为:'+product);
        document.write('<br/>商品的单价为:'+price+'元');
        document.write('<br/>商品的数量为:'+num);
    </script>
</body>
</html>
```

(4) 按快捷键 F12，在 Chrome 浏览器中查看 cart.html 页面，结果如图 2-5 所示。

图 2-5

37

PJ0202 显示商品的总价

【任务描述】

根据任务 PJ0201 的商品单价和数量计算出商品的总价并输出到页面中。

【任务分析】

(1) 总价=单价×数量。

(2) 使用 document.write( )方法将商品总价输出到页面中。

【参考步骤】

(1) 声明商品总价变量 tPrice。

(2) tPrice=price*num。

```
var tPrice = price*num;
document.write('<br/>商品的总价为:'+tPrice+'元');
```

(3) 按 F12 键，在 Chrome 浏览器中预览 cart.html。运行结果如图 2-6 所示。

图 2-6

PJ02 拓展训练

(1) 在网页中显示 5/4 和 20/4 的结果。

(2) 在网页中查看 alert(10/0)的结果(数据类型为 Infinity)。

PJ02 评分表

序号	考核模块	配分	评分标准
1	PJ0201：商城中商品名称、单价、数量的声明和赋值	50	1. 变量命名有意义(20 分) 2. 变量赋值正确(20 分) 3. 结果正确输出到页面中(10 分)
2	PJ0202：显示商品的总价	40	1. 总价命名有意义且符合命名规则,使用小驼峰命名规则(10 分) 2. 总价计算正确(20 分) 3. 结果正确输出到页面中(10 分)
3	编码规范	10	文件名、标签名、退格等符合编码规范(10 分)

单元小结

- 掌握 JavaScript 中的数据类型。
- 掌握 JavaScript 中的各种运算符。
- 掌握 JavaScript 数据类型的检测方法和转换。

 工单评价表

任务名称	PJ02.商城项目中商品名称、单价、数量的声明、赋值及计算				
工号		姓名		日期	
设备配置		实训室		成绩	
实训任务	1. 完成商品名称、单价、数量的声明和赋值。 2. 完成购物车商品总价的计算。				
任务目的	1. 实现展示商品详情功能。 2. 实现购物车商品总价计算功能。				

任务编号	开始时间	完成时间	工作日志	完成情况
PJ0201				
PJ0202				

1. 请根据自己任务完成的情况，对自己的工作进行自我评估，并提出改进意见。

技术方面：

素养方面：

2. 教师对学生工作情况进行评估，并进行点评摘要：

3. 学习小结：

4. 学生本次任务成绩：

项目

三

首页问候语的实现

项目简介

❖ 通过 JavaScript 的程序设计技术实现北部湾助农商城项目网站的弹窗提示问候语效果。

❖ 掌握 if、else 等分支语句的用法。

❖ 掌握 for、while 等循环语句的用法。

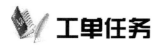 **工单任务**

任务编号/名称	PJ03.完成北部湾助农商城网站的弹窗提示问候语效果				
工号		姓名		日期	
设备配置		实训室		成绩	
工单任务	1. 完成商城首页显示当前时间。 2. 根据不同时间段弹出不同的提示问候语。				
任务目标	实现在不同的时间商城网站弹出不同的提示语的效果。				

一、知识链接

1. 技术目标

① 理解 JavaScript 的程序结构的概念。

② 掌握 if-else、switch-case 等分支语句的用法。

③ 掌握 for、while 等循环语句的用法。

2. 素养目标

① 培养学生良好的逻辑判断能力。

② 培养学生形成良好的时间观念。

③ 培养学生具备良好时间管理的职业素养。

二、决策与计划

任务 1：获取计算机的系统时间并显示

【任务描述】

在网页中使用 JavaScript 中的方法实现对当前时间的获取。

【任务分析】

① 定义一个存储时间的变量。

② 使用 date( )函数获取当前时间。

② 使用 document.write( )方法将当前的时间点输出到页面中。

【任务完成示例】

任务 2：弹出不同时间段的欢迎提示语对话框

【任务描述】

根据任务 1 得到的时间点进行逻辑判断，不同的时间段显示不同的问候提示语。

【任务分析】

① 配合 if-else 语句和 alert( ) 函数一起实现。

② alert 输出：0：00～6：00 点，提示"夜深了，请注意休息"；6：00～12：00，提示"早上好"；12：00～18：00，提示"下午好"；18：00 后，提示"晚上好"。

【任务完成示例】

1. 实训软件工具

HBuilderX 2.6 版本或以上、VSCode 1.5 版本或以上。

2. 小组成员分工

个人完成。

三、实施

1. 任务内容及要求

任务编号	内容	要求
PJ0301	获取计算机的系统时间并显示	1. 正确创建 JavaScript 源文件。 2. 正确书写 JavaScript 的逻辑代码。 3. 正确获取计算机的系统时间。
PJ0302	弹出不同时间段的欢迎提示语对话框	1. 正确创建 JavaScript 源文件。 2. 正确显示不同的弹窗提示语内容。

2. 实施注意事项

① 编辑器按要求使用 HBuilderX 或 VSCode。

② 案例完整且运行无误。

③ 按编码规范进行编码。

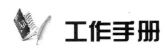 工作手册

在上一项目中我们学习了表达式，知道了通过运算来计算表达式的值。在本项目，要学习程序的语句。有了语句，程序才能帮我们做事情。JavaScript 程序实际上是语句的组合，只有熟悉这些语句的用法，才能写出好的 JavaScript 程序。JavaScript 语句包括流程控制语句(if-else、switch-case)、循环语句(while、do-while、for)和循环控制语句(continue、break)。JavaScript 也支持对象相关的语句(with、for in)，这些语句为 JavaScript 提供了强大的功能。

3.1　条件判断语句

条件判断语句包括 if 语句及其各种变形、switch 语句。这些语句可以根据不同的条件来执行不同的语句块。if 语句是最简单最常用的条件判断语句，通过判断条件表达式的结果为 true 或 false 来确定要执行哪一个语句块。

3.1.1　简单 if 语句

简单 if 语句的格式如下：

```
if(条件表达式)
{
语句块 1;
}
语句块 2;
```

其中的条件表达式计算结果为 true 或 false。如果结果为 true，则程序先执行{}内的语句块 1，然后再执行"}"后的语句块 2；如果结果为 false，则程序跳过{}内的语句块 1 而直接执行"}"后的语句块 2；如果{}内的语句块 1 只包含一条语句，则{}可以不写。if 语句后面总跟着{}是一个良好的编程习惯，如示例 3-1 所示。

示例 3-1：

```
<html>
<head>
<meta http-equiv="Content-Type" content="text/html; charset=gb2312" />
<title>简单的 if 语句</title>
<script type="text/javascript">
        var score ;                          //定义变量 score 代表分数
```

```
        score = prompt("请输入成绩","");    //使用 window 对象的 prompt( )函数，弹出一个输入框
        if (score >= 60)                    //判断分数是否>=60，返回 true 或 false
        {
            alert("考试及格!");             //如果分数>=60 为 true，则显示及格的消息，否则不显示
        }
    </script>
    </head>
    <body>
    </body>
    </html>
```

程序的运行结果如图 3-1 所示。

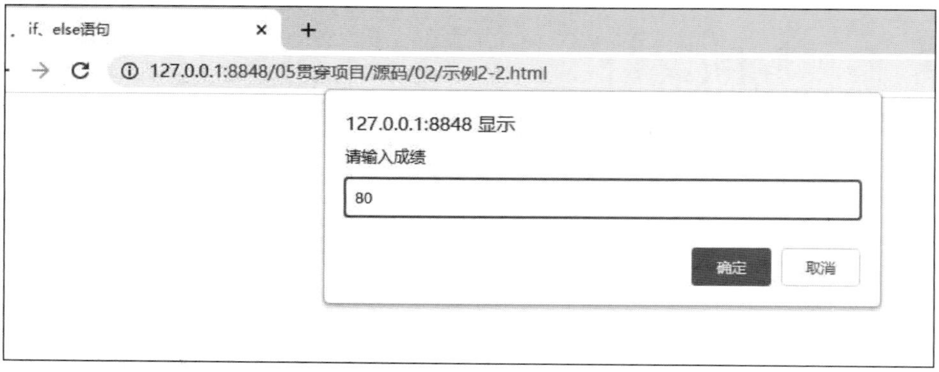

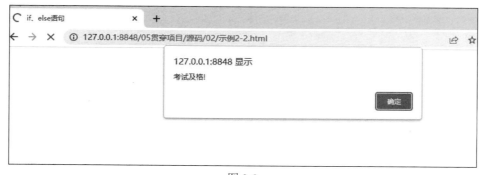

图 3-1

输入"80"并单击"确定"按钮后，显示如图 3-2 所示的消息框。

图 3-2

在上面的代码中使用了 prompt( )函数和 alert( )函数。它们都是 window 对象的方法，后面的章节会详细介绍。prompt( )函数的作用是弹出一个输入对话框，要求用户在对话框中输入一个字符串，该函数返回用户输入的字符串。alert( )函数用于弹出一个模态的消息对话框。在声明 score 变量时并没有给出初值，然后把 prompt( )函数的返回值赋给了它。此时，score 变量的数据类型是 string 类型。在条件表达式 score>=60 中，字符串类型和数字类型比较时，字符串类型会自动转换成数字类型。

3.1.2　if-else 语句

if-else 语句的格式如下：

```
if(条件表达式)
{
    语句块 1;
}
else
{
    语句块 2;
}
```

if-else 语句是条件分支语句，如果条件表达式的值为 true，则程序只执行语句块 1，不执行语句块 2 的代码；如果条件表达式的值为 false，则程序跳过语句块 1 内的语句直接执行语句块 2 的代码。通常称语句块 1 为条件的取真分支，语句块 2 为条件的取假分支。将示例 3-1 做更改后如示例 3-2 所示。

示例 3-2：

```
<script type="text/javascript">
        var score ;                          //定义变量 score 代表分数
        score = prompt("请输入成绩","");     //使用 window 对象的 prompt( )函数，弹出一个输入框
        if (score >= 60)                     //判断分数是否大于或等于 60，返回 true 或 false
        {
            alert("考试及格!");              //如果分数大于或等于 60 为 true，则显示及格的消息
        }

        else
        {
            alert("考试不及格! ");           //如果分数小于 60，则显示不及格的消息
        }
</script>
```

在该例中，如果输入 80，则结果与示例 3-1 的结果完全一样；如果输入 50，则显示如图 3-3 所示的对话框。

图 3-3

3.1.3 多重 if 语句

在 if 语句中，如果判断的条件多于一个，则可以使用多重 if 语句。语法如下：

```
if(条件表达式 1)
{
    语句块 1;
}
else if(条件表达式 2)
{
    语句块 2;
}
…
else if(条件表达式 n)
{
    语句块 n;
}
else
{
    语句块 n+1;
}
```

使用这种多重 if 语句可以进行更多的条件判断，不同的条件对应不同的程序语句。示例 3-3 演示根据用户输入的数字输出相应的提示信息。

示例 3-3：

```
<script type="text/javascript">
    var score ;
    score = prompt("请输入成绩","");
    if (score >= 90)       //判断分数是否大小或等于 90，返回 true 或 false
    {
        alert("你的成绩一级棒啊!");
    }
    else if(score>=80 && score <90)
    {
        alert("你的成绩优秀啊!");
    }
    else if(score>=70 && score <80)
    {
        alert("你的成绩优良啊!");
    }
    else if(score>=60 && score <70)
    {
        alert("你的成绩一般般啊!");
    }
    else{
```

```
            alert("你的成绩很差啊!");
        }
</script>
```

如果输入 90，则弹出"你的成绩一级棒啊!"对话框；如果输入 60，则弹出"你的成绩一般般啊!"对话框。

在这里有两点需要注意，一个是"短路"的问题。JavaScript 与 Java 一样，把"&&"和"||"称为"短路与"和"短路或"。"短路与"是指一个条件表达式中有两个或两个以上子条件表达式时，如果第一个条件表达式的值是 false，JavaScript 的解释引擎将忽略第二个或以后的条件表达式的计算，整个条件表达式的值就为 false。我们常说，第一个条件表达式的值让后面的条件表达式"与"短路了。同样，"短路或"是指一个条件表达式中有两个或两个以上子条件表达式时，如果第一个条件表达式的值是 true，JavaScript 的解释引擎将忽略第二个或以后的条件表达式的计算，整个条件表达式的值就为 true。我们常说，第一个表达式的值让后面的表达式"或"短路了。

另一个是多重 if 语句中的 else 匹配问题，在编程中称作 else 的悬挂问题。程序中规定，else 语句总是和它最近的 if 语句匹配。本例中的 else 与 if(score>=60 && score <70)匹配。故在多重 if 语句的使用中，一定要注意 else 的悬挂问题。看一看下面的代码，按照 else 悬挂的原则，else 是和 if(j==k)匹配，而不是和 if(i==j)这个条件匹配的，尽管其在代码的排版上看起来是和 if(i==j)配对的。读别人写的程序时，如果代码写得不规范，会让人很费解，本例中的代码违背了上面说的"if 语句后面总跟着{}"的原则，尽管程序本身没有问题，也能得到正确的结果，但是代码的可读性很差，不推荐使用。其实这段代码的本意是如果 i==j，再判断 j==k 是不是成立，否则，什么也不做。下面是典型的简单的 if 语句的取真分支中再嵌套一个 if 分支语句的示例。

```
<script type="text/javascript">
var i = j = 1;
var k = 2;
if (i == j)
    if (j == k)
    document.write("i 和 k 相等");
else
    document.write("i 和 j 不相等");
</script>
```

3.1.4　嵌套 if 语句

如果在 if 语句中再嵌入 if 语句就形成了嵌套的 if 语句。例如，下面的例子中，要求三个整数比较大小，最后输出最大的数，代码如示例 3-4 所示。

示例 3-4：

```
<script type="text/javascript">
var a = 10 ,b =8 ,c = 4 ;
if (a > b)
{
if(a > c)
        {
            alert("最大的数是 a!");
        }
        else
        {
            alert("最大的数是 c!");
        }
}
else
{
if(b <c)
        {
            alert("最大的数是 c!");
        }
        else
        {
            alert("最大的数是 b!");
        }
}
</script>
```

3.1.5　switch 结构

　　switch 结构用于将一个表达式的结果同各个选项进行比较，若找到匹配的选项，就执行匹配选项中的语句。如果没有找到匹配的选项，就直接执行默认选项中的语句。在 Java 语言中，switch 结构中的表达式的值只能是 char 型、int 型和 byte 型。在 JavaScript 中，除字符型和 number 型外，还可以是字符串类型。不管哪种类型，条件的取值和表达式的值的类型必须是一致的，否则，将有语法错误。语法如下：

```
switch (表达式)
{
  case 条件 1: 语句块 1;
                    break;
  case 条件 2: 语句块 2;
                    break;
    ...
  case 条件 n: 语句块 n;
                    break;
```

```
            default: 语句块 n+1;
        }
```

示例 3-5 说明了 switch 结构的典型用法。

示例 3-5：

```
<script type="text/javascript">
        var grade ;                                    //定义变量 grade 代表学期号
        grade= prompt("请输入学期号(1-3)：","");        //返回字符串类型
        switch(grade)
        {
                case "1":                              //条件是字符串类型
                alert("本学期我们学习的课程有 HTML、Java 基础、SQL 基础！");
                break;
                case "2":
                alert("本学期我们学习的课程有 JS、J2SE、SQL 高级！");
                break;
                case "3":
                alert("本学期我们学习的课程有 Struts、Spring、Hibernate！");
                break;
                default:
                alert("你输入的学期号有误！");
        }
</script>
```

switch 结构中，case 关键字后的条件只能是常量表达式，也就是一个具体的值。当代码运行到 switch 结构时，先计算表达式的值，然后在 case 条件列表中查找匹配的条件。如果找到匹配项，程序直接跳到匹配条件后的语句，并开始执行该语句，直到遇到 break 语句，就从 switch 结构中跳出去。如果在 case 条件列表中没有匹配的选项，则程序会选择 default 后面的语句。所以 default 语句并不是必需的，它用于匹配所有 case 值以外的值，相当于多重 if 结构中的最后一个 else 的功能。如果没有 default 选项，而此时又没有能够匹配的选项，则该程序在 switch 结构中什么也不做。

思考一下，如果去掉上例中的所有 break，结果会是什么？再思考一个问题，示例 3-3 中的多重 if 结构能不能改写成 switch-case 结构？显然，由于 case 关键字后面跟的是具体的值，示例 3-3 没有办法改写成 switch-case 结构。同样，示例 3-4 也不能改写成 switch-case 结构。那么示例 3-5 能不能改写成多重 if 语句？显然是可以的。从这个意义上讲，其实所有的 switch-case 结构都能改写成多重 if 结构，反过来则不一定可以。那么，何时使用 if 结构，又该何时使用 switch-case？这个没有一定的规定，视具体情况而定。一般来说，在单值匹配时，switch-case 是首选的结构。

同时提醒大家注意，在 switch 结构中，自动类型转换将不会产生，因此上例中如果在 switch 结构中和整数进行比较判断，如将 case "1"改为 case 1 将会报错。

3.2 循环控制语句

我们知道，在程序中，循环的作用是重复地做某件事。JavaScript 中支持的循环语句有 4 种：while 循环、do-while 循环、for 循环和 for in 循环。本章讲前 3 种，后面的章节再讲 for in 循环。循环结构中，如果需要退出循环或跳过某些语句则还要用到 break 和 continue 语句。

3.2.1 while 循环

while 循环结构中先判断循环条件是否成立，如果成立，则重复执行{}内的语句块，直 到条件不成立为止；如果条件不成立，则跳过{}内的语句块。示例 3-6 演示了如何使用 while 循环，输出 2022 年图书馆书籍借阅量(前 5 位)。

示例 3-6:

```
<html>
<head>
        <meta http-equiv="Content-Type" content="text/html; charset=gb2312" />
        <title>while 语句</title>
</head>
<body>
2022 年图书馆书籍借阅量<br>
<script type="text/javascript">
        var a=b=c=d=e=0;              //声明 5 个循环变量
        while(a<=620){
        document.write("█");
        a+=20;                       //改变循环变量的值
        }
        document.write(" 《毛泽东选集》:620 次<br>");
        while(b<=600){
        document.write("█");
        b+=20;
        }
        document.write(" 《共产党宣言》:600 次<br>");
        while(c<=580){
        document.write("█");
        c+=20;
        }
        document.write(" 《哲学与文化》:580 次<br>");
        while(d<=450){
```

```
        document.write("█");
        d+=20;
        }
        document.write(" 《逻辑与思维》:450 次<br>");
        while(e<=430){
        document.write("█");
        e+=20;
        }
        document.write(" 《思想与品德》:430 次<br>");
</script>
</body>
</html>
```

这段代码的结果如图 3-4 所示。

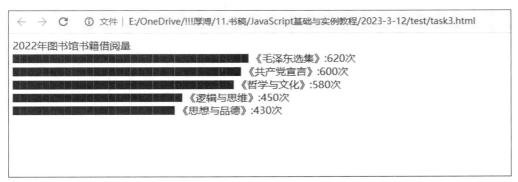

图 3-4

本例中使用了 5 个 while 循环，在每个循环中重复地输出符号"█"，通过循环条件来改变输出符号的个数，每输出符号一次，循环变量增加 20。

3.2.2　do-while 循环

do-while 循环先执行一次语句块，然后才判断循环条件是否成立。如果成立，则继续重复执行语句块；如果条件不成立，则结束循环，如示例 3-7 所示。

示例 3-7：

```
<script type="text/javascript">
        document.write("<p>请输入几个字母看一看效果：</p>");
        do
        {
        var character;
        character = prompt("请输入一个字母，输入 N 或 n 结束：","B");           //输入对话框
        document.write("<span style=font-size:36px;font-family:Webdings;>"+character+"</span>");
        }while(character!="n"&&character!="N");
</script>
```

这段代码循环地将用户输入的字母用 Webdings 字体显示，直到用户输入 N 或 n 停止。程序运行结果如图 3-5 所示。

图 3-5

3.2.3 for 循环

JavaScript 中最常用的循环语句是 for 循环。只要给定的条件为 true，for 循环就重复执行循环体内的语句块。示例 3-8 所示的代码输出了九九乘法表。

示例 3-8：

```html
<html>
    <head>
        <meta http-equiv="Content-Type" content="text/html;charset=gb2312">
        <title>用 for 循环实现九九乘法表</title>
    </head>
    <body>
        <script>
            var col=1,row=1;
            for (row = 1; row <= 9; row++) {
                for (col = 1; col <= row; col++) {
                    document.write(row + "*" + col + "=" + row * col + "  ");
```

```
                }
                document.write("<br>");
            }
        </script>
    </body>
</html>
```

程序运行结果如图 3-6 所示。

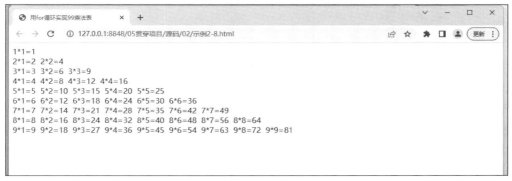

图 3-6

从上面例子可以看出，循环的 3 种形式中，程序需要做的事情只有 4 件，分别如下。

(1) 设置循环变量并给初值，如示例 3-8 中的 col 和 row。

(2) 判断循环条件是否成立，如示例 3-8 中的 row<=9 和 col<=row。

(3) 如果循环条件成立，做要循环做的事情，如示例 3-8 中，内层循环要做的事情是输出"row+"*"+col+"="+row*col+" ""这个串的值，外层循环要做的事情是输出"
"。

(4) 最后的事情是改变循环条件，让程序有机会结束，如示例 3-8 中，col++和 row++都是改变循环条件。如果没有改变循环条件，则循环条件会一直成立。程序没有机会结束，就成为常说的"死循环"。

从上面的分析可以知道，3 种循环其实质上都是一样的，只是形式有所不同。那么把示例 3-8 改写成 while 循环就很简单了，请大家试试看。不过，while 和 do-while 有一个小区别，就是 do-while 循环是先执行再判断，while 循环是先判断再执行。这样，在条件不成立的情况下，do-while 循环会执行一次而 while 循环不会。

3.2.4 break 和 continue 语句

break 关键字在 switch-case 结构中使用过，意思是跳出 switch-case 结构，继续执行后面的语句。在循环结构中，break 语句的作用也是跳出循环结构，终止循环的执行。我们知道，循环中只有循环条件的值为 false 时，循环语句才能结束循环。如果想提前结束循环，可以在循环中增加 break 语句。另外，在循环体内增加 continue 语句，用于跳过本次循环中要执行的剩余语句，继续下一次循环，直到循环条件为 false。例如，示例 3-9 求前 10 个数的和，就是用来介绍 break 和 continue 的用法。

示例 3-9：

```html
<html>
<head>
        <meta http-equiv="Content-Type" content="text/html;
        charset=gb2312">
        <title>求前 10 个数的和</title>
</head>
<body>
<script type="text/javascript">
        var counter = 0;                          //设置循环变量，并给初值赋 0
        var sum = 0 ;                             //存放和变量，给初值赋 0
        while(true){                              //注意这里是死循环
          sum += counter ;                        //循环要做的事情，累加
          if(counter == 10){                      //使用 if 语句判断，如果加到 10，使用 break
                                                    语句结束循环

              break;
          }
          counter ++;                             //改变循环条件，有机会让循环结束
        }
        document.write("前 10 个数的和是:"+sum);   //输出累加的结果
</script>
</body>
</html>
```

示例 3-10 将在网页上显示 100 以内的偶数。

示例 3-10：

```html
<html>
        <head>
                <meta http-equiv="Content-Type" content="text/html;
                charset=gb2312">
                <title>输出 100 以内的偶数</title>
        </head>
<body>
<script type="javascript">
        var output="";                    //存放输出结果的字符串
        var temp=0;                       //设置循环变量并给初值赋 0
        while( temp<=100))
        {
          temp++ ;
        if(temp%2==1)                     //条件为 true 说明是奇数
```

```
        {
            continue;                    //如果是奇数，后面的代码跳过，从下次循环开始
        }
        output = output + temp + " ";     //加上空格，输出时不会连接在一起
    }
    document.write(output);
</script>
</body>
</html>
```

基于示例 3-9 和示例 3-10 的例子，把两个功能整合到一起，思考：前 10 个偶数的和是多少？如何写代码？如果把循环换成 for 循环，如何改动代码？

上机实战

上机目标

● 掌握如何使用流程控制结构。

上机练习

练习：制作简单计算器

【问题描述】

编写一个简单计算器，在文本框中输入两个数，完成 "+" "-" "*" "/" 运算，如图 3-7 所示。

图 3-7

【问题分析】

针对该问题，应该这样去思考：

(1) 先从两个文本框中取值，由于取到的值是 string 类型，需要把这两个值强制转换成 number 类型。

(2) 完成+、−、*、/运算，最后把结果显示在文本框中。

(3) 由于有 4 个按钮，按理应该写 4 个函数，当某个按钮按下时分别调用与之相关的函数。这样，会发现很多代码是重复的。能不能使用一个函数，通过传入参数来完成？答案是可以的。这也正是有参函数的魅力所在。所以，需要写一个函数，以分别根据运算符完成相应的计算，并把结果显示在文本框中。把 "+" "−" "*" "/" 作为实参赋给该函数形参。

【参考步骤】

(1) 新建一个 HTML 网页，将网页标题设为 "计算器"。

(2) 为了对齐，在网页中插入一个 3 行 3 列的表格，并将表格的最后一行合并单元格。

(3) 将相关的文字、文本框和按钮插入表格(不需要插入表单)。

(4) 切换到代码视图，在<head></head>部分添加代码并保存文件为 calc.htm。完整代码如示例 3-11 所示。

示例 3-11：

```html
<html>
<head>
<meta http-equiv="Content-Type" content="text/html; charset=gb2312" />
<title>计算器</title>
<script type="text/javascript">
        function calc(sign)
        {
        var firstValue=document.calcform.first.value;
        var secondValue=document.calcform.second.value;
        var resultValue ;              //结果
                              //在这里默认用户输入的都是数字，不做验证，直接转换成数字
        var num1 = parseFloat(firstValue);
        var num2   = parseFloat(secondValue);
          if(sign=="+")
          {
             resultValue =num1 + num2 ;
          }
          if(sign=="−")
          {
             resultValue =num1 - num2 ;
          }
          if(sign=="*")
          {
             resultValue =num1 * num2 ;
          }
          if(sign=="/")
          {
             resultValue =num1 / num2 ;
```

```
                /*实际上在做除法运算时，要判断除数是不是为零。如果是，提示除数不能为零，否则
                结果显示 Infinity(无穷大)*/
            }
                document.calcform.result.value = resultValue ;
        }
</script>
</head>
<body>
<form name="calcform">
<table width="388" height="80" border="0">
    <tr><td width="127">第一个数</td>
        <td width="131">第二个数</td>
        <td width="116">结果</td></tr>
    <tr><td><input type="text" name="first" size="12" /></td>
        <td><input type="text" name="second" size="12" /></td>
        <td><input type="text" name="result" size="14" /></td></tr>
    <tr><td colspan="3">运算类型：
        <input type="button" value="+" onclick="calc('+')" />
        <input type="button" value="-" onclick="calc('-')"   />
        <input type="button" value="*" onclick="calc('*')"   />
        <input type="button" value="/" onclick="calc('/')"   />
    </td></tr>
</table></form>
</body></html>
```

(5) 按 Ctrl+R 键，选择相应的浏览器进行浏览，输入数据计算，查看结果，如图 3-8 所示。

图 3-8

单元自测

1. if(false){console.log(1);}的输出结果是(　　　)。

　　A. 在文档流中输出 1

　　B. 不满足分支条件，无输出

C. 控制台输出 1

D. 控制台输出 false

2. 代码 for(let i=0;i<=5;i++){//循环体}会进入循环体(　　)次。

    A. 5　　　　　　B. 0　　　　　　C. 6　　　　　　D. 无法确定

3. switch 选择结构在最后用于默认缺省项的关键字是(　　)。

    A. default　　　B. case　　　　C. for　　　　　D. continue

PJ03 完成北部湾助农商城首页的问候提示语

某公司拟开发一套购物商城项目，该系统包括登录、商品管理、商品详情、购物车、订单等模块。

开发此系统共涉及两大部分:

(1) 网站静态页面实现。

(2) 使用 JavaScript 实现网站交互效果。

本次项目重点讨论如何使用 JavaScript 实现网站交互效果。

PJ0301 获取计算机的系统时间并显示

【任务描述】

获取并显示当前计算机的系统时间。

【任务分析】

(1) 使用 date( )函数获取当前时间。

(2) 使用 document.write( )方法将当前的时间点输出到页面中。

【参考步骤】

(1) 创建新的 HTML 页面，命名为 task2.html。

(2) 更改网页中<title>的值为 "问候页面"。

(3) 修改 JavaScript 代码，如示例 3-12 所示。

示例 3-12:

```html
<html>
    <head>
        <meta charset="UTF-8" />
        <title>欢迎界面</title>
```

```
            <script>
                var date = new Date()
                document.write("当前的时间点为：" + date.getHours() + "点")
            </script>
        </head>
        <body>
        </body>
    </html>
```

(4) 运行代码，结果如图 3-9 所示。

图 3-9

PJ0302 弹出不同时间段的欢迎提示语对话框

【任务描述】

使用 if-else 语句完成根据不同的时间点在商城网站弹出不同的提示语，分别为：0:00~6:00 点提示 "夜深了，请注意休息"，6:00~12:00 提示 "早上好"，12:00~18:00 提示 "下午好"，18:00 后提示 "晚上好"。

【任务分析】

(1) 要求页面在加载时就弹出问候提示语，需要使用 JavaScript 的 alert( )函数和 if-else 结构语句。

(2) 可以使用在网页中嵌入<script>标签的方式实现。

【参考步骤】

(1) 创建新的 HTML 页面，命名为 task2.html。

(2) 更改网页中<title>的值为 "问候页面"。

(3) 修改 JavaScript 代码，如示例 3-13 所示。

示例 3-13：

```
<!DOCTYPE html>
<html>
    <head>
        <meta charset="UTF-8" />
        <title>问候页面</title>
    </head>
    <body>
        <script type="text/javascript">
            var time = new Date();
```

```
                    var hour = time.getHours()
                    if (hour >= 0 && hour <= 6) {
                            alert('夜深了，请注意休息')
                    } else if (hour > 6 && hour <= 12) {
                            alert("早上好")
                    } else if (hour > 12 && hour < 18) {
                            alert("下午好")
                    } else {
                            alert("晚上好")
                    }
            </script>
        </body>
    </html>
```

(4) 按 Ctrl+R 键，选择相应的浏览器查看 task2.html 页面，结果如图 3-10 所示。

图 3-10

PJ03 评分表

序号	考核模块	配分	评分标准
1	PJ0301：获取电脑的时间并显示	50	1. 变量命名有意义(20 分) 2. 正确获取电脑时间(20 分) 3. 时间正确输出到页面中(10 分)
2	PJ0302：弹出不同时间段的欢迎提示语对话框	40	1. 判断时间段是否正确(20 分) 2. 正确弹出对应时间对应的问候语(20 分)
3	编码规范	10	文件名、标签名、退格等符合编码规范(10 分)

单元小结

- if 结构和 switch 结构用于根据条件选择执行不同的语句块。

- while、do-while 和 for 结构用于循环执行一段代码。

- break 用于退出循环代码，continue 用于跳过本次循环尚未执行完的代码，立即开始下一次的循环。

工单评价表

任务名称	PJ03.完成北部湾助农商城网站的弹窗提示问候语效果				
工号		姓名		日期	
设备配置		实训室		成绩	
工单任务	1. 完成商城首页显示当前时间。 2. 根据不同时间段弹出不同的提示问候语。				
任务目标	根据不同的时间段实现在商城网站弹出不同的提示语。				

任务编号	开始时间	完成时间	工作日志	完成情况
PJ0301				
PJ0302				

1. 请根据自己任务完成的情况，对自己的工作进行自我评估，并提出改进意见。

　　技术方面：

　　素养方面：

2. 教师对学生工作情况进行评估，并进行点评摘要：

3. 学习小结：

4. 学生本次任务成绩：

项目
四

购物车功能的实现

🚩 项目简介

❖ 通过对 JavaScript 的数组和对象的学习来实现北部湾助农商城的购物车列表。

❖ 熟悉和理解 JavaScript 数组的常用方法。

❖ 定义对象数组,实现购物车商品列表数据的展示。

。

工单任务

任务编号/名称	PJ04.完成北部湾助农商城网站的购物车列表展示				
工号		姓名		日期	
设备配置		实训室		成绩	
工单任务	1. 完成商城购物车页面标签和样式的美化。 2. 完成商城购物车页面商品列表数据的展示。				
任务目标	1. 实现购物车列表页面的样式布局。 2. 实现购物车列表页面数据的展示。				

一、知识链接

1. 技术目标

① 了解 JavaScript 的数组和对象的概念。

② 掌握 JavaScript 数组的定义和使用。

③ 掌握 JavaScript 对象的创建和使用。

2. 素养目标

① 培养学生自觉遵守基本道德规范，以及严于律己的道德品质。

② 培养学生良好的编写规范代码的能力。

③ 培养学生收集、分析、处理数据的能力。

④ 通过对 JavaScript 数组和对象的学习，让学生收集各地的特产，整理成为数组对象数据，并把这些数据展示为购物车列表的形式，培养学生对各个地方人文风俗和民族文化的了解。

二、决策与计划

任务 1：通过 HTML+CSS 编写购物车列表页面。

【任务描述】

在网页中实现购物车列表页面的样式布局。

【任务分析】

① 编写购物车列表页面的 html 结构，并添加合适的标签类名。

② 给购物车列表页面编写相应的样式。

【任务完成示例】

任务 2：通过遍历数组对象将购物车数据渲染到页面中。

【任务描述】

完成购物车列表数组对象数据的定义，并把数据动态绑定到页面中。

【任务分析】

① 定义一个数组对象变量，存储购物车列表的相关数据。

② 对数组对象进行遍历，通过循环遍历的方式生成动态列表标签，把数据绑定到相应的位置。

③ 把循环遍历生成的元素插入页面当中，最终得到购物列表页面。

【任务完成示例】

1. 实训软件工具

HBuilderX 2.6 版本或以上、VSCode 1.5 版本或以上。

2. 小组成员分工

个人完成。

三、实施

1. 任务内容及要求

任务编号	内容	要求
PJ0401	通过 HTML+CSS 编写购物车列表页面	1. 正确创建 CSS 源文件。 2. 正确书写 HTML 结构代码。
PJ0402	通过遍历数组对象数据把购物车数据渲染到页面中	1. 正确创建 JavaScript 源文件。 2. 正确把数据渲染到页面当中。

2. 实施注意事项

① 编辑器按要求使用 HBuilderX 或 VSCode。
② 功能实现完整，并且调试无误。
③ 按编码规范进行编码。

工作手册

本项目开始学习 JavaScript 中常见的内置对象，主要有 String 对象、Math 对象、Date 对象、Array 对象等。其实，JavaScript 中的基本数据类型也有相应的对象，如 Number 对象、Boolean 对象等，下面来看一下常见对象的方法和属性。

4.1 字符串对象的常用属性和方法

在 JavaScript 中，String 对象是使用最多的对象，如"One World，One Dream""Mickey Mouse""北京欢迎你！"等。可以使用下面的方法创建一个字符串对象：var str = "我的名字是费尔普斯"、var str1 =new String("中国真的很伟大")。

字符串有一个非常有用的、也是唯一的 length 属性，用来保存字符串的长度。如示例 4-1 所示的代码片段，看一看下面的字符串的长度各是多少。

示例 4-1：

```
<html>
<head>
        <meta http-equiv="Content-Type" content="text/html; charset=gb2312" />
        <title>字符串长度</title>
            <script type="text/javascript">
            var str0 = "Hello World!";
            var str1 = "    Hello World!";        //前面有 2 个空格
            var str2 = "Hello World!    ";        //后面有 2 个空格
            var str4 = "你好，世界!";              //"，"是全角的，"!"是半角的
            document.write("4 个字符串的长度分别是："+str0.length+","+str1.length+","+
                        str2.length+","+str4.length);
            </script>
</head>
<body>
</body>
</html>
```

运行结果如图 4-1 所示。

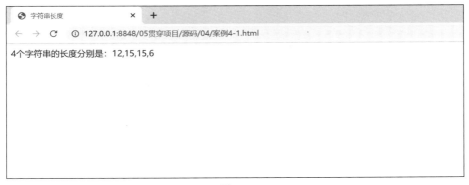

图 4-1

与在 Java 中的 String 类一样，JavaScript 中的字符串对象也有很多方法，表 4-1 列出了常用的方法。

表 4-1　常用的方法

方法名(参数列表)	方法的返回值
charAt(num)	返回参数 num 指定索引位置处的字符
charCodeAt(num)	返回参数 num 指定索引位置处字符的 Unicode 值
indexOf(string[,num])	返回参数 string 在字符串中首次出现的位置
lastIndexOf(string[,num])	返回参数 string 在字符串中最后出现的位置
substring(index1[,index2])	如果指定了 index1 和 index2，返回在字符串中 index1 和 index2 之间的值
substr(num1[,num2])	如果指定了两个参数 num1 和 num2，返回字符串中从 num1 开始，长度为 num2 的字符串
split(regexpression,num)	根据参数传入的正则表达式或分隔符来分隔调用此方法的字符串

1. indexOf( )方法

indexOf("子字符串")方法返回一个整数值，表示 String 字符串对象内第一次出现子字符串的位置(索引值)。如果没有包含要查找的子字符串，则返回-1。通常联合使用字符串的 length 属性和 indexOf( )方法来实现表单验证。下面的例子要求检查用户名不能空、用户密码不能少于 6 位，邮箱地址中一定含有"@"符号，如图 4-2 所示。

图 4-2

表单验证效果如图 4-3 所示。

图 4-3

实现代码如示例 4-2 所示。

示例 4-2：

```html
<!DOCTYPE html>
<html lang="en">
  <head>
    <meta charset="UTF-8">
    <title>匿名函数</title>
    <script type="text/javascript">
    function check()                              //定义一个方法
    {
        var uname   = document.myform.name.value;     //获取用户名的值
        if (uname.length ==0)                         //判断用户名的长度是否为 0
        {
            alert("请输入用户名");           //如果是，则弹出提示，并返回 false，即函数不继续执行
            return false   ;
        }
        var upwd = document.myform.pwd.value;         //获取用户名密码的值
        if (upwd.length< 6)                           //判断用户名的长度是否小于 6 位
        {
            alert("密码不能少于 6 位");               //如果小于 6 位，则给出提示，返回 false
            return    false ;
        }
        var uemail = document.myform.email.value;     //获取用户名邮箱的值
        if (uemail.indexOf("@") == -1)                //判断邮箱的值是否含有@符号
        {
            alert("邮箱地址必须包含@符号");            //若不含@符号，则给出提示，并返回 false
            return false;
        }
            if(uemail.indexOf("@") > uemail.indexOf("."))  //判断@符号在.前面
            {
                    alert("@符号必须在.号前面!");
            return false;
        }
    }
        return true ;
    }
</script>
```

```
</head>
<body>
<form name="myform" method="post" action="" onSubmit="return check()">
  <table width="306" border="0" align="center">
    <tr>
      <td width="101">用户名：</td>
      <td><input name="name" type="text"></td>
    </tr>
    <tr>
      <td width="101">密码：</td>
      <td ><input type="password" name="pwd"></td>
    </tr>
    <tr>
      <td width="101">邮箱：</td>
      <td ><input type="text" name="email"></td>
    </tr>
    <tr>
      <td colspan="2" align="center">
        <input type="submit" value="提交">
      </td>
    </tr>
  </table>
</form>
  </body>
</html>
```

2. charAt( )方法

charAt( )方法从字符串对象中返回单个字符，使用时通常会设置一个起始位置的参数，然后返回位于该位置的字符值。如果不给出参数，系统默认字符串起始的位置为 0。如示例 4-3 所示的代码片段，返回值都是什么？

示例 4-3：

```
<script type="text/javascript">
    var str = "hello world";
    var str1 = "同一个世界，同一个梦想!";
    console.log(str.charAt()) ;        //不给参数，系统默认是 0，返回"h"
    console.log(str.charAt(2)) ;       // 返回第一个"l"
    console.log(str1.charAt()) ;       // 返回"同"字
console.log(str1.charAt(5)) ;          // 返回"，"符号
</script>
```

3. 字符串截取的常用方法

常用的字符串截取函数有 slice( )、substr( )、substring( )，如示例 4-4 所示。

示例 4-4：

```
<script type="text/javascript">
    var str = "hello world";
    alert(str.substr(0,5));         //从第 1 个字符开始，取长度为 5 的字符串，结果为"hello"
    alert(str.substring(2,5));      //从第 3 个字符开始，到第 5 个字符，结果为"llo"
    alert(str.slice(2,-2));         //显示结果为"llo wor"
</script>
```

slice( )和 substring( )都接受两个参数，作为截取子字符串的起始和结束的前一个位置。它们的区别是 slice( )可以使用负数作为参数，-1 表示最后一个字符。注意：字符串的索引是从 0 开始，而不是从 1 开始。

substr( )也接受两个参数，第一个作为起始位置，第二个作为截取长度。

还有一个比较特别的字符串分割函数 split( )，可以选择分隔符，返回一个字符串数组，本书将在项目五中讲解其用法。

示例 4-5 所示的代码片段将使用字符串截取方法来实现对用户名的验证。要求用户名中的字符只允许是数字、字母和下画线，类似于变量名的命名规则。若要实现这个功能，可以首先通过 length 属性得到用户名的长度，然后循环遍历其中的每个字符，接下来分 3 种情况加以比较。

示例 4-5：

```
function checkName()
{
    var str = document.form1.name.value;     //取得用户名的值
    var len = str.length;                    //取得字符串的长度
    for (var i = 0; i < len; i++)
    {
        var ch = str.substr(i,1);
if (ch >= '0' && ch <= '9' || ch >= 'a' && ch <= 'z' || ch >= 'A' && ch <= 'Z' || ch == '_')
            continue;
        else
        {
            alert("含有非法字符");
            return false;
        }
    }
    return true ;
}
```

加入上面函数之后就可以实现该校验功能了，可以利用字符串之间的 ASCII 码值的不同进行比较。在项目五中将学习正则表达式，会有更简洁的方法实现上述功能。

4.2 Math 对象的常用属性和方法

Math 是一个内部对象，提供基本的数学函数和常数。表 4-2 和表 4-3 列出了 Math 对象的属性和方法。

表 4-2　Math 对象的属性

属性	说明
LN10	返回 10 的自然对数
LN2	返回 2 的自然对数
LOG10E	返回以 10 为底 e(自然对数的底)的对数
LOG2E	返回以 2 为底 e(自然对数的底)的对数
PI	返回圆的周长与其直径的比值，约等于 3.141 592 653 589 793
SQRT1_2	返回 0.5 的平方根，或者说 2 的平方根分之一
SQRT2	返回 2 的平方根

表 4-3　Math 对象的方法

方法	说明
ceil(num)	返回大于等于其数字参数的最小整数
floor(num)	返回小于等于其数值参数的最大整数
max(num1,num2)	返回给出的零个或多个数值表达式中较大者
min(num1,num2)	返回给出的零个或多个数值表达式中较小者
pow (base, exponent)	返回底表达式的指定次幂
random()	返回介于 0 和 1 之间的伪随机数
round(num)	返回与给出的数值表达式最接近的整数

代码片段如示例 4-6 所示。

示例 4-6：

```
<script type="text/javascript">
      var r = prompt("请输入圆的半径","");
      var s = r * r * Math.PI;
      alert("圆的面积为" + s);
</script>
```

运行结果如图 4-4 所示。

图 4-4

 注意

Math 对象不需要使用 new 运算符。

常使用 Math 对象的 random( )方法来产生随机数，取值范围是[0,1)，因此要在我们所希望的取值范围内变化，需要做相应的调整。下面使用这个方法来实现模拟掷骰子。我们常说，掷骰子时，掷出 1 和 6 的概率是相等的，各是 1/6，示例 4-7 让计算机模拟掷骰子100 000 次，分别计算 1～6 出现的次数。

示例 4-7：

```html
<html>
<head>
        <meta http-equiv="Content-Type" content="text/html; charset=gb2312" />
        <title>模拟掷骰子</title>
</head>
<body>
        <script type="text/javascript">
         var one = two = three = four = five =six = 0 ;
         var shu = 0 ;
         for(var i = 0 ; i < 100000 ; i ++)
         {
             shu =    Math.floor(Math.random()*6)+1;                         //把数变成大于 1 的数
             switch(shu){
                          case 1 :one ++;break;
                          case 2 :two ++;break;
                          case 3 :three ++;break;
                          case 4 :four ++;break;
                          case 5 :five ++; break;
                          case 6 :six ++;break;
                             }
         }
         document.write("点数 1:"+one+"次，占"+one/100000 +"<br>");
         document.write("点数 2:"+two+"次，占"+two/100000 +"<br>");
         document.write("点数 3:"+three+"次，占"+three/100000+"<br>");
         document.write("点数 4:"+four+"次，占"+four/100000 +"<br>");
```

```
        document.write("点数 5:"+five+"次，占"+five/100000 +"<br>");
        document.write("点数 6:"+six+"次，占"+six/100000 +"<br>");
    </script>
</body>
</html>
```

运行上面的代码，结果如图 4-5 所示。

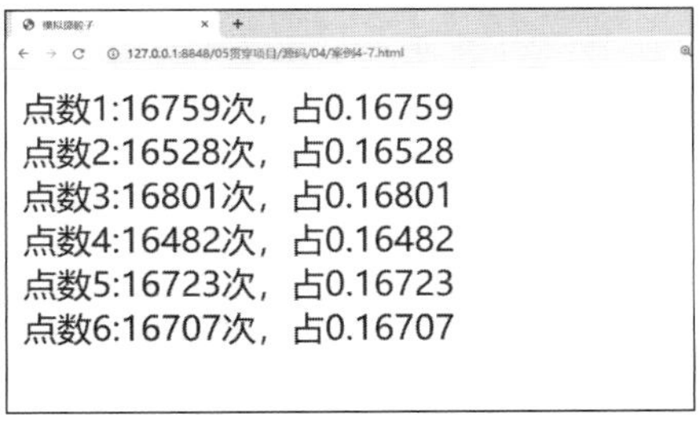

图 4-5

<!-- -->

4.3 Date 对象的常用属性和方法

Date 对象包含日期和时间的相关信息。Date 对象没有任何属性，它只具有很多用于设置和获取日期时间的方法。

创建日期对象的语法如下：

```
var now = new Date();                                    //获得当前的日期对象
var now = new Date(dateVal) ;
var now =new Date(year, month, date[, hours[, minutes[, seconds[,ms]]]]);
```

对构造自定义日期对象参数的说明如表 4-4 所示。

表 4-4　构造自定义日期对象参数的说明

参数	参数说明
now	必选项。要赋值为 Date 对象的变量名
dateVal	必选项。如果是数字值，dateVal 表示指定日期从 1970 年 1 月 1 日 0 时 0 分至今经过的毫秒数。如果是字符串，则 dateVal 按照 parse( )方法中的规则进行解析
year	必选项。完整的年份，如 1976(而不是 76)
month	必选项。表示月份，是 0～11 的整数(1 月至 12 月)
date	必选项。表示日期，是 1～31 的整数
hours	可选项。如果提供了 minutes，则必须给出。表示小时，是 0～23 的整数(午夜到 11pm)

参数	参数说明
minutes	可选项。如果提供了 seconds，则必须给出。表示分钟，是 0～59 的整数
seconds	可选项。如果提供了 milliseconds，则必须给出。表示秒钟，是 0～59 的整数
ms	可选项。表示毫秒，是 0～999 的整数

Date 对象常用的方法如表 4-5 所示。

表 4-5　Date 对象常用的方法

方法	说明
getDate( )	返回 Date 对象中月份中的天数，其值为 1～31
getDay( )	返回 Date 对象中的星期几，其值为 0～6
getHours( )	返回 Date 对象中的小时数，其值为 0～23
getMinutes( )	返回 Date 对象中的分钟数，其值为 0～59
getSeconds( )	返回 Date 对象中的秒数，其值为 0～59
getMonth( )	返回 Date 对象中的月份，其值为 0～11
getFullYear( )	返回 Date 对象中的年份，其值为四位数
getTime( )	返回自某一时刻(1970 年 1 月 1 日)以来的毫秒数

下面利用 Date 对象，一步步实现并完善一个走动时钟的效果，如示例 4-8 所示。

示例 4-8：

```html
<html>
<head>
    <meta http-equiv="Content-Type" content="text/html; charset=gb2312" />
    <title>显示当前时间</title>
</head>
<body>
    <script type="text/javascript">
      var time = new Date();
      document.write("现在时间是:"+time+"<br>");
      document.write("现在时间是:"+time.toLocalString());        //按操作系统的区域显示时间
    </script>
</body>
</html>
```

上面的代码显示结果如图 4-6 所示。

图 4-6

下面进一步修改，仅提取所需要的年、月、日和星期，如示例 4-9 所示。

示例 4-9：

```
<script language="javascript">
    var time = new Date();
    var year = time.getFullYear();          //获取年份
    var month = time.getMonth();            //获取月份
    var date = time.getDate();              //获取日期
    var day = time.getDay();                //获取星期
    document.write("今天是" + year + "年" + month + "月" + date + "日星期" + day);
</script>
```

输出结果如图 4-7 所示，与图 4-6 比较，发现月份变成了 7。

图 4-7

因为月份的取值范围是 0～11，所以通常还应该再加上 1，对于星期，由于取值范围是 0～6，那么也要加以改变，同时使之符合中文的习惯。修改后的代码如示例 4-10 所示。

示例 4-10：

```
<script type="text/javascript">
    var week = new Array("日", "一", "二", "三", "四", "五","六");       //定义一个转换数组
    var time = new Date();
    var year = time.getFullYear();                        //获取年份
    var month = time.getMonth()+1;                        //获取月份
    var date = time.getDate();                            //获取日期
    var day = time.getDay();                              //获取星期
    document.write("今天是" + year + "年" + month + "月" + date + "日星期" + week[day]);
</script>
```

现在得到了比较完美的效果，如图 4-8 所示。

图 4-8

4.4 数组对象

在 JavaScript 中对象和数组是以相同的方式处理的。一个数组对象实际上是一个有序的值的集合，由于 JavaScript 是一种无类型语言，所以在数组中可以存放任意的数据类型。

4.4.1 创建数组对象

在 JavaScript 中，数组创建的语法如下。

```
var arr0 = new Array( );              //创建一个不含有元素的数组
var arr1 = new Array(3);              //创建一个含有三个元素的数组
var arr2 = new Array(1, 2, 3, "hello");  //创建一个含有三个数字和一个字符串的数组
var arr3 = [true, 3.14159];          //创建一个含有两个元素的数组
```

4.4.2 数组下标与数组元素的使用

与多数语言一样，在 JavaScript 中数组的下标也是从 0 开始，使用"[]"存取数组中的元素。由于弱类型的特性，JavaScript 的数组不仅可以存储任意的类型，还可以动态地改变大小。示例 4-11 所示的代码片段会实现创建一个数组并动态地给数组元素赋值。

示例 4-11：

```
<script type="text/javascript">
        var a = new Array();       //创建一个空数组
        a[0] = "China";            //分别将数组的前三个元素赋值为 China、USA、Russia
        a[1] = "USA";
        a[2] = "Russia";
</script>
```

4.4.3　数组的 length 属性

由于 JavaScript 的数组具有动态性，因此数组对象有一个特殊的属性 length，用来说明数组包含的元素的个数。示例 4-12 所示的代码片段用来显示数组元素的个数。

示例 4-12：

```
<script type="text/javascript">
        var a = new Array();                //创建一个空数组
        a[0] = "China";                     //分别将数组的前三个元素赋值为 China、USA、Russia
        a[1] = "USA";
        a[2] = "Russia";
        alert("数组 a 的长度为：" + a.length);        //显示数组的长度
</script>
```

显示结果如图 4-9 所示。

图 4-9

4.4.4　数组元素的遍历

在 Java 语言中，学习了使用循环来实现显示数组中的每个元素，例如，显示示例 4-12 中的每个元素，可以使用示例 4-13 所示的代码片段。

示例 4-13：

```
<script type="text/javascript">
        var a = new Array();                //创建一个空数组
        a[0] = "China";                     //分别将数组的前三个元素赋值为 China、USA、Russia
        a[1] = "USA";
        a[2] = "Russia";
        for(var i = 0 ; i < a.length ; i ++)
        {                                   //遍历数组的元素
          document.write("数组 a 的第"+(i+1)+ "个元素的值是:"+a[i]+ "<br>");
        }
</script>
```

在这里引入第 4 种循环：for-in 结构，其形式上与 for 循环一样，in 后面使用数组或集合的名字，使用 for-in 结构改写示例 4-13 的代码片段如示例 4-14 所示。

示例 4-14：

```
<script type="text/javascript">
    var a = new Array();        //创建一个空数组
    a[0] = "China";             //分别将数组的前三个元素赋值为 China、USA、Russia
    a[1] = "USA";
    a[2] = "Russia";
    for(var i in a )            //for(var i = 0 ; i < a.length ; i ++)
    {
    /*遍历数组的元素，for-in 循环中，变量 i 如果不赋初值，数据类型是 string，需要转成
    number 类型，可以使用 Number(i)或 parseInt(i)方法；也可以设置初值 var i = 0，就不用转成
    number 类型了。*/
      document.write("数组 a 的第"+(Number(i)+1)+ "个元素的值是:"+a[i]+ "<br>");
    }
</script>
```

JavaScript 中不支持多维数组，有时需要使用二维数组，怎么办呢？我们知道，数组中可以放任何类型，那么把数组放到数组中会如何呢？看一看示例 4-15 所示的代码。

示例 4-15：

```
<html>
<head>
    <meta http-equiv="Content-Type" content="text/html; charset=gb2312" />
    <title>数组的使用</title>
</head>
<body>
<script type="text/javascript">
    var citys= new Array();                    //创建一个空数组
    citys[0] = ["武汉市","天门市","黄石市","赤壁市"," 襄樊市"];
    citys[1] = ["长沙市","衡阳市","岳阳市","郴州市"];
    citys[2] =["郑州市","漯河市","驻马店市","信阳市","开封市","南阳市"];
    for(var i in citys )
    {
    document.write("数组 citys 的第"+(Number(i)+1)+ "个元素的城市有:");
    for(var j in citys[i])                      //使用 for-in 循环遍历每个元素的值
    {
        document.write(citys[i][j]+ " ");      //输出每个元素中的值
    }
    document.write("<hr>");                     //输出水平线
    }
</script>
</body>
</html>
```

运行结果如图 4-10 所示。

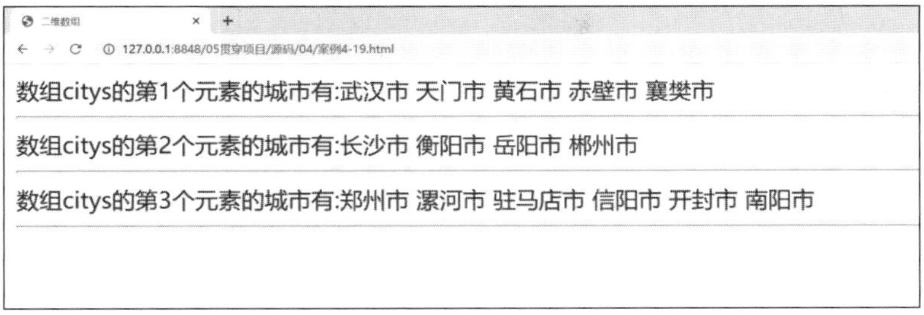

图 4-10

4.4.5　数组的常用方法列表

数组对象有许多方法，表 4-6 列出了常用的方法。

表 4-6　数组常用的方法

方法	说明
concat( )	返回一个新数组，这个新数组是由两个或更多数组组合而成的
join( )	返回字符串值，其中包含连接到一起的数组的所有元素，元素由指定的分隔符分隔开来
pop( )	移除数组中的最后一个元素并返回该元素
push( )	将新元素添加到一个数组中，并返回数组的新长度值
reverse( )	返回一个元素顺序被反转的 Array 对象
shift( )	移除数组中的第一个元素并返回该元素
slice( )	返回一个数组的一段
splice( )	从一个数组中移除一个或多个元素，如果必要，在所移除元素的位置插入新元素，返回所移除的元素
sort( )	返回一个元素已经进行了排序的 Array 对象

1. join( )方法

join( )方法将数组中的所有元素组合起来，串接成字符串。可以指定任意的字符串作为分隔符，默认使用“,”。代码如示例 4-16 所示。

示例 4-16：

```
<script type="text/javascript">
var a = new Array();        //创建一个空数组
a[0] = "China";             //分别将数组的前三个元素赋值为 China、USA、Russia
a[1] = "USA";
```

```
a[2] = "Russia";
alert("第28届奥运会金牌前3甲国家是：" + a.join(" "));      //对数组进行字符串连接
</script>
```

显示结果如图4-11所示。

图 4-11

上面的join( )方法把数组元素按照分隔符组合成字符串，相反的，在项目三中，提到了字符串对象的split( )方法可以按照分隔符将字符串切割成字符串数组。示例4-17所示的代码片段就完成了字符串"China USA Russia"到字符数组的转化。

示例4-17：

```
<script type="text/javascript">
        var str = "China    USA    Russia";
        var a = str.split("    ") ;                // 使用空格来切割字符串
        for(var i in a)
        {
            document.write("a["+i+"] =" +a[i]+ "<br>");
        }
</script>
```

显示结果如图4-12所示。

图 4-12

从上面的例子可以看出，字符串和数组之间的转换还是相当简单的。

2. sort( )方法

sort( )方法可以用默认的排序方式对数组进行排序。如果不带参数，输出结果将按照字母表的顺序排序，否则要自定义一个比较函数。代码如示例 4-18 所示。

示例 4-18：

```
<script type="text/javascript">
        var a = new Array();                    //创建一个空数组
        a[0] = "China";                         //分别将数组的前三个元素赋值为 China、USA、Russia
        a[1] = "USA";
        a[2] = "Russia";
        a.sort();
        alert("第 28 届奥运会金牌前 3 甲国家分别是：" + a); //输出会按字母顺序排序
</script>
```

显示结果如图 4-13 所示。

图 4-13

注意在这个例子中，调用 sort( )方法之后的返回值是被排序的数组自身。同样 reverse( )方法也是一样的，使用这两个方法后，数组中元素的顺序发生了变化。

上机目标

- 掌握 Array 对象的常用属性和方法。
- 掌握 Math 对象的常用属性和方法。
- 掌握 Date 对象的常用属性和方法。

上机练习

练习：手机号码摇奖

【问题描述】

编写一个 HTML 页面，完成手机号码的摇奖功能，如图 4-14 所示，当在页面上单击"开始"按钮时，页面上手机号码不停地变化，当单击"停止"按钮时，产生中奖的手机号码。

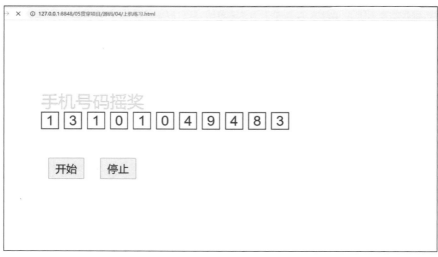

图 4-14

【问题分析】

(1) 本练习可以使用 window 对象的 setTimeout( )函数实现定时器的作用，每隔一段时间产生一个手机号码。手机号码可以用随机数来实现。

(2) 同时使用表单的文本框显示手机号码，并且不停地变化。

(3) 使用按钮事件启动定时器和清除定时器。

【参考步骤】

(1) 新建一个网页文件，给<body>标签添加背景图片。

(2) 在<body>标签中添加表单，添加 11 个文本框，分别用来显示每位手机号。

(3) 在表单中添加两个按钮，分别添加 onclick 事件来启动和清除定时器。

(4) 编写脚本代码，参见示例 4-19。

示例 4-19：

```
<html>
<head>
<meta http-equiv="Content-Type" content="text/html; charset=gb2312" />
<title>手机号码摇奖</title>
<script   type="text/javascript" >
var timer ;
function startDo()
{
    for(var i = 0 ; i < 9 ; i++)
  {
    var rand =    Math.random()*100000;
  rand = parseInt(rand %10);
  document.form1.n[i].value = rand;
  }
```

```
    timer = setTimeout("startDo()",100);          //递归调用 startDo( )方法
    }
    function stopDo()
    {
        clearTimeout(timer);                       //清除定时器
    }
</script>
<style type="text/css">
.in{
border:solid ; color:#0000FF; width:50px;
height:50px;font-size:40px; text-align:center;
}
.btn{
 width:100px; height:60px; font-size:30px;
 }
</style>
</head>
<body background="images/background.JPG"
style="background-repeat:no-repeat">
<div style="position:absolute; top:200px; left:150px">
    <font color="#66FFCC" size="+6" >手机号码摇奖 </font>
    <form name="form1">
      <input name="n11" type="text"    value="1"class="in">
       
      <input name="n22" type="text"      value="3" class="in">
       
      <input name="n" type="text"    class="in">
       
      <input name="n" type="text"    class="in">
       
      <input name="n" type="text"    class="in">
       
      <input name="n" type="text"    class="in">
       
      <input name="n" type="text"    class="in">
       
      <input name="n" type="text"    class="in">
       
      <input name="n" type="text"    class="in">
       
      <input name="n" type="text"    class="in">
       
      <input name="n" type="text"    class="in">
       
    <br><br><br><br><br>
      <input type="button" value="开始" onClick="startDo()"
class="btn">    
```

```
    <input type="button" value="停止" onClick="stopDo()"
class="btn">
    </form>
</div>
</body>
</html>
```

在这个例子中使用了样式，在网页编程中学习过样式。思考一下，使用 setInterval( ) 函数能不能实现相同的功能？

单元自测

1. 在 JavaScript 中，(　　　)不是常见的内置对象。

　　A. ArrayList

　　B. Math

　　C. Date

　　D. String

2. 对于字符串对象 str，下列方法使用正确的是(　　　)。

　　A. str.split(0,-1)

　　B. str.slice(0,-1)

　　C. str.substr(0,-1)

　　D. str.substring(0,-1)

3. 创建 Math 对象时(　　　)使用 new 运算符。

　　A. 需要

　　B. 不需要

4. Date 对象的创建方法有(　　　)。

　　A. new Date()

　　B. new Date("1/1/2005")

　　C. new Date("1-1-2005")

　　D. new Date(100)

5. 下面(　　　)不是 Array 对象的常见方法。

　　A. join( )　　　　　　B. sort( )　　　　　　C. reverse( )　　　　　D. indexOf( )

6. 字符串与数组互相转换可以使用的函数有(　　　)。

　　A. toString( )　　　　B. valueOf()　　　　C. split( )　　　　　D. join( )

PJ04 完成北部湾助农商城购物车页面的购物车列表的展示

某公司拟开发一套购物商城项目，该系统包括登录、商品管理、商品详情、购物车、订单等模块。

开发此系统共涉及两大部分：

(1) 网站静态页面的实现。

(2) 使用 JavaScript 实现网站交互效果。

本次项目重点讨论使用 JavaScript 的数组和对象的语法实现网站的购物车列表页面。

PJ04 任务目标

- 掌握数组的创建、属性和使用方法。

- 掌握对象的创建及调用方法。

- 了解 JavaScript 中的内置对象相关操作。

【任务描述】

编写一个购物车页面，完成购物车页面显示商品列表数据的功能，如图 4-15 所示。

图 4-15

【任务分析】

(1) 本任务可以使用 JavaScript 的数组来定义并存储购物车列表的数据，并通过数组遍历的方式来得到每一条商品的值，把遍历得到的值绑定到页面的元素上。

(2) 可以在.js 文件夹中新建一个 cart.js 文件，用于编写页面的 JavaScript 的逻辑代码，并在购物车页面通过<script>标签引入。

【参考步骤】

(1) 创建新的 HTML 页面，取名 cart.html，更改网页中<title>的值为"购物车页面"。

```html
<!DOCTYPE html>
<html>
<head>
    <meta charset="UTF-8">
    <title>购物车</title>
    <link rel="stylesheet" href="../css/iconfont.css">
    <link rel="stylesheet" type="text/css" href="../css/cart.css" />
</head>
<body>
    <div class="content">
        <div class="cartListBox">
            <table border="0" cellspacing="" cellpadding="">
                <thead>
                    <tr>
                        <th width='400'>商品信息</th>
                        <th width='220'>单价</th>
                    </tr>
                </thead>
                <!-- 动态添加数据 -->
                <tbody class="listBox"></tbody>
            </table>
        </div>
    </div>
    <script src="../js/cart.js" type="text/javascript" charset="utf-8"></script>
</body>
</html>
```

(2) 新建 cart.css 样式文件，编写页面样式。

```css
*{
    margin: 0;
    padding: 0;
}
a{
    text-decoration: none;
}
.content {
```

```
            padding: 50px;
            background-color: #f5f5f5;
}

.cartListBox {
        width: 800px;
        margin: 0 auto;
        background-color: #fff;
}

th {
        font-size: 16px;
        font-weight: 400;
        line-height: 50px;
        color: #999;
        border-bottom: 1px solid #f5f5f5;
}

.goodsInfo {
        display: flex;
}

.goodsInfo img {
        width: 100px;
height: 100px;
}


.listBox td {
        padding: 10px;
        border-bottom: 1px solid #f5f5f5;
        text-align: center;
        color: #999;
}

.skuName {
        text-overflow: ellipsis;
        overflow: hidden;
        width: 280px;
        font-size: 16px;
        padding-left:25px;
        color: #666;
        margin-top: 20px;
        text-align: left;
}
```

```css
.skuSpecBox {
    max-width: 230px;
    font-size: 14px;
    color: #999;
    height: 28px;
    line-height: 28px;
    border: 1px solid #f5f5f5;
    padding: 0 6px;
    padding-left: 18px;
    text-align: left;
    position: relative;
    margin: 10px;
}

.numbox{
    width: 130px;
    height: 30px;
    border: 1px solid #e4e4e4;
    display: flex;
    margin-left: 15px;
}

.numbox a {
    width: 30px;
    height:30px;
    float:left;
    line-height: 30px;
    text-align: center;
    background: #f8f8f8;
    font-size: 16px;
    color: #666;
}

.numbox input {
    width: 60px;
    height:30px;
    padding: 0 5px;
    text-align: center;
    color: #666;
    border:none;
    outline: none;
    float:left;
}
```

(3) 编写 JavaScript 代码。

```javascript
//模拟数据
let cartListData = [{
    id: 0,
    name: '助农 原生态 流油 出油率高海鸭蛋',
    sku: [{
        sku_id: 0,
        sku_price: 68.0,
        sku_img: '../img/fupin/haiyadan2.jpg',
        sku_num: 1,
        sku_spec: '海鸭蛋 12 枚*1 箱'
    }],
    isCheck: 0
},
{
    id: 21,
    name: '助农 北海特产海鲜淡晒无盐墨鱼干',
    sku: [{
        sku_id: 0,
        sku_price: 128.0,
        sku_img: '../img/fupin/moyugan.jpg',
        sku_num: 1,
        sku_spec: '墨鱼干 250g*1 袋'
    }],
    isCheck: 1
},
{
    id: 22,
    name: '助农 河池特产芒果干',
    sku: [{
        sku_id: 0,
        sku_price: 29.9,
        sku_img: '../img/fupin/mangguo.jpg',
        sku_num: 1,
        sku_spec: '芒果干 250g*1 袋'
    }],
    isCheck: 1
}
];

//购物车列表显示
let listBox = document.querySelector('.listBox');
let nullListBox = document.querySelector('.nullListBox');
//购物车数据显示
```

```
let str = '';
for (let i = 0; i < cartListData.length; i++) {
str += '<tr index="' + cartListData[i].id + '"    isCheck="' + cartListData[i].isCheck + '">\
            <td>\
                <dl class="goodsInfo">\
                    <dt>\
                        <img class="skuImg" src="' +
    cartListData[i].sku[0].sku_img + '" alt="">\
                    </dt>\
                    <dd>\
                        <p class="skuName">' + cartListData[i].name + '</p>\
                        <div class="skuSpecBox">\
                            <span class="skuSpec">' +
cartListData[i].sku[0].sku_spec + '</span>\
                            <i class="iconfont icon-angle-down"></i>\
                        </div>\
                    </dd>\
                </dl>\
            </td>\
            \<td    class="skuTotalPrice">¥' + cartListData[i].sku[0].sku_price *
                cartListData[i].sku[0].sku_num + '</td>\
</tr>';
}
listBox.innerHTML = str;
```

（4）按快捷键 F12，在谷歌浏览器中查看 cart.html 页面，结果如图 4-16 所示。

图 4-16

PJ04 评分表

序号	考核模块	配分	评分标准
1	购物车列表展示	90	1. 正确编写商品 css 样式文件(30 分) 2. 正确在 html 文件引入 css 文件，美化购物车商品(30 分) 3. 正确动态绑定数组的商品列表并显示(30 分)
2	编码规范	10	文件名、标签名、退格等符合编码规范(10 分)

单元小结

- 掌握 JavaScript 中对象的创建和使用。
- 掌握数组的创建和遍历。
- 掌握字符串的用法。
- 掌握 Math 对象的用法。
- 掌握 Date 对象的用法。

工单评价表

任务名称	PJ04.完成北部湾助农商城网站的购物车列表页面				
工号		姓名		日期	
设备配置		实训室		成绩	
工单任务	1. 完成商城购物车页面标签和样式的美化。 2. 完成商城购物车页面商品列表数据的展示。				
任务目标	1. 实现购物车列表页面的样式布局。 2. 实现购物车列表页面数据的展示。				

任务编号	开始时间	完成时间	工作日志	完成情况
PJ0401				
PJ0402				

1. 请根据自己任务完成的情况，对自己的工作进行自我评估，并提出改进意见。

   技术方面：

   素养方面：

2. 教师对学生工作情况进行评估，并进行点评摘要：

3. 学习小结：

4. 学生本次任务成绩：

项目

五

购物车结算功能的实现

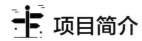 项目简介

❖ 本项目主要完成北部湾助农商城的购物车结算功能。

❖ 了解函数的定义和使用方法。

❖ 掌握函数的实际应用。

。

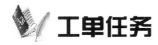 工单任务

任务编号/名称	PJ05.完成北部湾助农商城购物车结算				
工号		姓名		日期	
设备配置		实训室		成绩	
工单任务	根据购物车中选中的商品，进行购物车的结算。				
任务目标	1. 计算购物车商品总数。 2. 根据选中的商品计算总价。				

一、知识链接

1. 技术目标

① 掌握函数的创建和使用。

② 掌握函数的参数设置。

③ 了解变量的作用域。

④ 掌握函数的调用。

2. 素养目标

① 培养学生良好的编码规范。

② 培养学生获取信息并利用信息的能力。

③ 培养学生综合与系统分析信息的能力。

④ 学习掌握 JavaScript 的函数使用，培养学生实事求是的学风和严谨的学习态度，培养学生分析问题和解决问题的能力及创新意识。

⑤ 激发学生的学习兴趣，鼓励学生自主学习，提高学生制作网页的知识技术、编程的规范性和协同工作的积极性。

二、决策与计划

任务 1：定义一个函数，遍历购物车中的所有商品，并得到商品总件数

【任务描述】

在网页中使用 JavaScript 代码，编写一个函数，循环遍历购物车中的所有商品。

【任务分析】

① 定义一个 showTotal( )函数，声明和初始化所有商品的总件数。

② 遍历购物车中的所有商品，得到所有商品的总件数。

【任务完成示例】

任务2：根据购物车中商品的选中状态，进行购物车的结算和显示

【任务描述】

在循环过程中，判断已选的购物车中的商品，并对其进行计算，得到已选商品的总件数和总价，并显示在页面上。

【任务分析】

① 分别声明并初始化已选商品的总件数和总价。

② 遍历购物车中的商品，得到所选商品的价格和数量，计算得到该商品的合计价格。

③ 将所有已选中的商品件数和合计价格进行叠加，得到购物车中所有选中商品的总价和总件数，并显示到页面中。

【任务完成示例】

1. 实训软件工具

HBuilderX 2.6 版本或以上、VSCode 1.5 版本或以上。

2. 小组成员分工

个人完成。

三、实施

1. 任务内容及要求

任务编号	内容	要求
PJ0501	定义一个函数，遍历购物车中的所有商品，并得到商品总件数	1. 正确创建函数，函数名称无误。 2. 正确调用函数。 3. 正确使用不同作用域的变量。 4. 正确使用循环体。
PJ0502	根据购物车中商品的选中状态，进行购物车的结算和显示	1. 正确创建函数，函数名称无误。 2. 正确调用函数。 3. 正确使用不同作用域的变量。 4. 正确使用内置函数，数值转化正常。

2. 实施注意事项

① 编辑器按要求使用 HBuilderX 或 VSCode。

② 功能实现完整，并且调试无误。

③ 按编码规范进行编码。

工作手册

　　在 JavaScript 中，经常会遇到需多次重复操作的情况，这时就要重复书写相同的代码，这样不仅加重了开发人员的工作量，而且对于代码的后期维护也相当困难。为此，JavaScript 提供了函数，它可以将程序中烦琐的代码模块化，提高程序的可读性，且便于后期维护。

5.1　函数的创建和使用

　　函数是完成特定任务的语句块，当需要重复完成某种任务时，就应该把用到的语句组织成函数。这样在 JavaScript 程序的任意位置都可以通过引用其名称来执行任务。程序员可以在程序中建立很多函数，这样有利于组织自己的程序结构，使代码的维护更容易。本项目将介绍如何创建并调用函数。

5.1.1　函数的定义

　　函数是用于封装完成特定功能的一段代码。
　　语法如下：

```
function  函数名([参数 1，参数 2,…]){
    函数体
    …
}
```

从上述语法格式可以看出，函数声明由以下部分组成。

(1) function：声明函数的关键字。

(2) 函数名：可由大小写字母、数字、下画线和$符号组成，不能以数字开头且不能是 JavaScript 中的关键字，函数名后带( )，尽量使用动名词的小驼峰格式。

(3) 参数：指函数被调用时传递过来的值，是可选的。

(4) 函数体：指专门实现特定功能的主体，由一条或多条语句组成。

(5) 返回值：指在调用函数后可得到的处理结果，在函数体中使用 return 关键字返回。

定义函数时需要注意以下事项。

(1) 函数名区分大小写，且不能相同，更不能使用 JavaScript 的关键字。

(2) 在 function 关键字之前不能指定返回值的数据类型。

(3) 函数定义中[ ]是指可选的，也就是说，自定义的函数可以带参数，也可以不带参数。如果有参数，参数可以是变量、常量或表达式。自定义函数可以有返回值，也可以没有，如果省略了 return 语句，则函数返回 undefined。

(4) 函数必须放在<script></script>标签之间。

(5) 函数的定义最好放在网页的<head></head>之间。

(6) 定义函数时并不执行组成该函数的代码，只有调用函数时才执行代码。

示例 5-1 所示的代码演示了一个无参函数。

示例 5-1：

```
<script type="text/javascript">
function show( )                    //定义一个无参数、无返回值的函数
{
    alert("今天心情好好啊！");
}
</script>
```

上述代码定义的 show( )函数比较简单，它没有定义参数，并且函数体内仅使用 alert( )语句返回一个字符串。

5.1.2　函数的使用

定义完函数后，要想在程序中发挥函数的作用，则必须调用这个函数。函数的调用非常简单，只需引用函数名，并传入相应的参数即可。函数调用的语法格式如下：

```
<html>
    <head>
<title>无参数无返回值函数</title>
<script type="text/javascript">
function show()    //定义一个无参数、无返回值的函数
{
    alert("今天心情好好啊！");
}
</script>
</head>
<body>
        <button onclick="show()">单击按钮</button> <!--通过鼠标单击事件调用函数-->
</body>
</html>
```

该代码首先定义了一个 show( )函数，该函数比较简单，仅使用 alert( )语句返回一个字符串，然后在按钮 onclick 事件中调用 show 函数，弹出一个提示对话框。

注意上例中的代码 <button onclick="show( )">单击按钮</button>，其中的 onclick 表示按钮的单击事件, onclick="show( )"表示当单击按钮时执行show( )函数中的JavaScript代码。

 注意

调用函数时函数名和"( )"必须书写。如果函数有参数，则所传的参数应该满足个数相等、类型相同和顺序正确这 3 个条件，如示例 5-2 所示。

示例 5-2：

```html
<html>
<head>
<title>有参数有返回值函数</title>
<script language="javascript">
function getSum(num1,num2)          //该函数返回 num1 到 num2 之间所有整数之和
{
        var total=0,temp;
        for(temp=num1; temp<=num2; temp++)
        {
            total += temp;
        }
        return total;                      //函数返回值
}
</script>
</head>
<body>
        <script type="text/javascript">
                var sum= 0 ;
sum = getSum(1,50);                //调用 getSum( )函数
                console.log("1 至 50 之间所有整数的和为："+sum);
        </script>
</body>
</html>
```

上面的代码首先定义了一个函数 getSum( )，该函数具有两个数字类型的参数且该函数返回第一个参数到第二个参数之间所有整数的和，然后在 body 部分调用了该函数并输出函数的结果。请注意函数参数的写法：不需要指定数据类型，也不需要 var 关键字，同时也不需要在 function 关键字之前指定函数的返回值类型。

5.1.3 函数的参数

JavaScript 中函数的参数与大多数其他语言中函数的参数有所不同。JavaScript 中的函

数不介意传递进来多少个参数，也不在乎传进来的参数的数据类型。也就是说，即便我们定义的函数只接收两个参数，在调用这个函数时也未必一定要传递两个参数，可以传递一两个甚至不传递参数。之所以会这样，原因是 JavaScript 中的参数在内部是用一个数组表示的。函数接收到的始终都是这个数组，而不关心数组中包含哪些参数(如果有参数的话)。实际上，在函数体内可以通过 arguments 访问这个参数数组，从而获取传递给函数的每一个参数。其实，arguments 对象只是与数组类似(它并不是 Array 的实例)，因为可以使用方括号语法访问它的每一个元素(即第一个元素是 arguments[0]，第二个元素是 arguments[1]，以此类推)，使用 length 属性确定传递进来多少个参数，如示例 5-3 所示。

示例 5-3：

```
function sum(){                         //定义一个没有参数的函数
    for(var i=0;i<arguments.length;i++){   //获取参数长度
        console.log(arguments[i]+",")
    }
}
sum("张三","12")                         //调用函数
```

运行示例 5-3 的代码，结果如图 5-1 所示。

图 5-1

示例 5-3 没有定义参数，调用时传递了两个参数，从浏览器上的运行结果可以看出输出了两个参数，也可以传递 1 个、3 个、4 个参数，传递多少个，就会输出多少个，此类型参数为函数隐式参数。当然，也可以定义参数，如示例 5-4 所示。

示例 5-4：

```
function sum(name,age,sex){          //定义一个有参数的函数
    console.log(name+", "+age)
}
sum("张三","12")                      //调用函数
```

运行示例 5-4 的代码，结果如图 5-2 所示。

图 5-2

在示例 5-4 中,运行的结果与示例 5-3 函数相同,示例 5-4 定义了两个参数(name 和 age),此类型参数为显式参数。

根据上面两个例子可以得出:

(1) JavaScript 函数定义时，显式参数没有指定数据类型。

(2) JavaScript 函数对隐式参数没有进行类型检测。

(3) JavaScript 函数对隐式参数的个数没有进行检测。

如果函数在调用时未提供隐式参数，参数默认值为 undefined，如示例 5-5 所示。

示例 5-5：

```
function sum(name,age,sex){          //定义一个有 3 个参数的函数
    console.log(name+", "+age+","+sex)
  }
sum("张三","12")                      //调用函数，没有给 sex 提供参数值
```

运行示例 5-5 的代码，结果如图 5-3 所示。

图 5-3

ECMAScript 6 还提供了设置形参默认值的形式，若在调用时没有传递实参，那么在函数体中使用形参的部分将用默认值替代，如示例 5-6 所示。

示例 5-6：

```
function sayHi(name,say='Hi'){        //定义一个有 3 个参数的函数
    console.log(say+name)
}
sayHi("张三")                          //调用函数，没有给 say 提供参数值
```

运行示例 5-6 的代码，结果如图 5-4 所示。

图 5-4

5.1.4 函数表达式和匿名函数

除了使用 function 关键字声明函数外，还可以用函数表达式的形式将声明的函数赋值给一个变量，通过变量名完成函数的调用和参数的传递，一般情况下函数表达式创建的都是匿名函数，使用函数表达式声明的函数调用必须在声明之后(function 关键字声明的可在声明前调用)。

```
//函数表达式
let fn = function() {
    // 函数体
};
// 表达式声明函数的调用方式
fn();
```

函数表达式的使用如示例 5-7 所示。

示例 5-7：

```
let fn = function (num1,num2){          //定义一个函数表达式
    return num1+num2;
};
fn(1,2)                                 //调用函数
```

匿名函数自调用如示例 5-8 所示。

示例 5-8：

```
(function (num1,num2){
    return num1+num2;
})(1,2)                                 //用一个( )放匿名函数，再用一个( )调用
```

5.1.5 变量的作用域

根据作用域的不同，我们将变量分为全局变量和局部变量。

全局变量是指在<script></script>标签中声明的变量，独立于所有函数之外，作用范围

是该变量声明后的所有语句，包括在其后定义的函数中的语句。

局部变量是在函数中声明的变量(函数的参数列表中的变量也是属于该函数的局部变量)，只有在该函数中且位于该变量声明之后的程序代码才可以使用这个变量。局部变量一定是属于某个函数，故对其后的其他函数和脚本代码来说都是不可见的(不能访问)。如果在其后的其他函数和脚本代码中声明了与这个局部变量同名的变量，则这两个变量没有任何关系。

如果在函数中声明了与全局变量同名的局部变量，则在该函数中使用的同名变量是局部变量而不是全局变量。示例 5-9 所示的代码演示了全局变量和局部变量的差别。

示例 5-9:

```html
<html>
<head>
    <meta http-equiv="Content-Type" content="text/html; charset=gb2312" />
    <title>变量的作用域</title>
    <script type=" text/javascript">
        var num = 10;                            // num 就是一个全局变量
        console.log('函数外 num=' + num);
        function fn() {
            console.log('函数内 num=' + num);        //输出全局变量
        }
        fn();
    </script>
</head>
<body>
</body>
</html>
```

程序的运行结果如图 5-5 所示。

图 5-5

图 5-5 中第一行输出的 "函数外 num=10" 是在函数外输出声明的全局变量 num 的值，后一行在函数 fn( )中输出局部变量 num 的值。如果把示例 5-9 的代码做少许改动，去掉全局变量，在程序中使用局部变量，如示例 5-10 所示，结果会如何呢?

示例 5-10：

```
<script type=" text/javascript">
    function fn() {
            var num1 = 10;          // num1 就是局部变量，只能在函数内部使用
            num2 = 20;              //如果在函数内部没有声明，直接赋值的变量也属于全局变量
            }
    fn();
    console.log('全局变量 num2='+num2) ;        //输出全局变量
    console.log('局部变量 num1='+num1);
//输出局部变量，在函数外部使用时会报错  num1 is not defined
</script>
```

运行示例 5-10 的代码，结果如图 5-6 所示，局部变量在外部使用时，会报错误消息，如第二行结果所示。

图 5-6

从执行效率来看全局变量和局部变量的不同。

(1) 全局变量只有浏览器关闭的时候才会被销毁，比较占内存资源。

(2) 局部变量在程序执行完毕就会被销毁，比较节约内存资源。

在 ECMAScript 6 之前，JavaScript 中只有全局作用域和函数作用域的概念，ECMAScript 6 之后引入了块级作用域，增加了新的 let 命令来声明变量。表 5-1 结合 var 对这两个命令的作用域进行了比较。

表 5-1　var 与 let 作用域比较

命令名	作用域
var	函数
let	块级

运行示例 5-11 的代码，结果如图 5-7 所示。

示例 5-11：

```
<script type=" text/javascript">
    for (var var_i = 0; var_i < 3; var_i++) {
        {
```

```
        console.log(var_i);
        }
    }
    console.log(var_i);                //全局作用域
</script>
```

图 5-7

运行示例 5-12 的代码，结果如图 5-8 所示。

示例 5-12：

```
<script type=" text/javascript">
    for (let let_i = 0; let_i < 3; let_i++) {
        {
            console.log(let_i);
        }
    }
    console.log(let_i);                //块级作用域
</script>
```

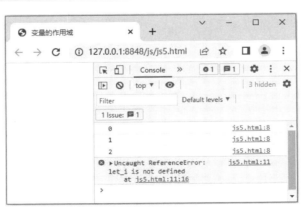

图 5-8

因为函数作用域，let 在函数内部声明的变量仅在函数体内有效。循环变量作用域是整个循环体。

5.1.6　内置函数

本节将介绍常用的几个内置函数，这些函数也被称为内部方法，程序可以直接调用这些函数来完成某些功能。

1. parseInt( )函数

parseInt( )函数将一个字符串按指定的进制转换为一个整数。语法格式如下(其中"[ ]"中的内容为可选项)：

```
parseInt(numString , [radix] )
```

第一个参数 numString 为要进行转换的字符串；第二个参数 radix 是可选的，用于指定转换后的整数的进制，默认是十进制。如果 numString 不能转换为一个数字，该函数将返回 NaN。例如，parseInt("123")、parseInt("123.45")和 parseInt("123ab")都将返回数字 123，parseInt("ab")和 parseInt("ab123")都将返回 NaN。

2. parseFloat( )函数

parseFloat( )函数将一个字符串转换为对应的浮点数。语法格式如下：

```
parseFloat(numString)
```

参数 numString 为要转换的字符串。如果 numString 不能转换为一个数字，该函数将返回 NaN。例如，parseFloat("123.45")和 parseFloat("123.45ab")都将返回数字 123.45，parseFloat("ab")和 parseFloat("ab123.45")都将返回 NaN。

3. isNaN( )函数

isNaN(is Not a Number)函数用于检测一个变量或一个字符串是否为 NaN。如果是，则返回 true；如果不是，则返回 false。例如，isNaN(parseInt("ab"))将返回 true，isNaN("12")将返回 false。

下面使用内置函数来实现一个简单的加法计算器，如示例 5-13 所示。

示例 5-13：

```html
<html>
<head>
    <meta http-equiv="Content-Type" content="text/html; charset=gb2312" />
    <title>内置函数实现求和</title>
    <script type="text/javascript">
        function sum() {
            var resultValue, firstValue, secondValue;        /声明 3 个变量，不给初值
            firstValue = document.myform.first.value;        //把第一个文本框的值赋给 firstValue
```

```
                    secondValue = document.myform.second.value;    //把第二个文本框的值赋给 secondValue
                    resultValue = firstValue + secondValue;         //相加运算
                    document.myform.result.value = resultValue;     //把值赋给结果文本框
            }
        </script>
</head>
<body style="font-size:12px;">
        <form name="myform">
                加数：<input type="text" name="first" size=6>
                被加数：<input type="text" name="second" size=6>
                <input type="button" onclick="sum()" value="求和"> 
                <input type="text" name="result" size=6>
        </form>
</body>
</html>
```

在上面的代码中，document.myform.first.value 得到 first 文本框对象的内容，document. myform.second.value 得到 second 文本框对象的内容，"document.myform.result.value = document. myform.first.value + document .myform.second.value"是将加数与被加数求和，然后将和赋给 result 文本框对象的值显示出来。

运行上面的代码，输入 1 和 2 将会得到如图 5-9 所示的结果。

图 5-9

很显然这不是想要的结果。为什么会出现这种情况呢？从项目一了解到：如果"+"运算符两边的操作数有一个是字符串，则"+"运算符的功能就是连接字符串而不是进行加法运算。所以在进行加法运算前必须要将加数和被加数转换为数字类型。除此之外，还必须处理在文本框中输入了数字外的其他字符不能转换为数字的情况。改进后的 sum( )函数如示例 5-14 所示。

示例 5-14：

```
function sum()
{
    var resultValue , firstValue ,secondValue;    //声明 3 个变量，不给初值
    firstValue = document.myform.first.value ;
    secondValue = document.myform.second.value;
    if(isNaN(firstValue))
    {
```

```
        alert(firstValue+"不是一个数字！");
        return; /*注意，这里使用了 return 语句，表示程序运行到这里就返回了，下面的语句将不被执行。
        思考一下，去掉 return 会怎么样？*/
    }
    if(isNaN(secondValue))
    {
        alert(secondValue+"不是一个数字！");
        return;
    }
var num1=parseFloat(firstValue);
var num2=parseFloat(secondValue);
resultValue = num1 + num2 ;
document.myform.result.value = resultValue;
}
```

首先，得到两个文本框的值，分别判断值是不是数字，如果不是数字，则提示用户输入的不是数字；否则，将文本框内容转换成数字，执行加法运算，最后把结果赋给结果文本框来显示。

4. eval( )函数

eval( )函数将一个字符串作为一段 JavaScript 表达式执行，并返回执行的结果。语法格式如下：

```
eval(express)
```

参数 express 是用字符串形式表示的 JavaScript 表达式，该函数将返回 JavaScript 解析器执行 express 的结果。示例 5-15 演示了 eval( )函数的用法。

示例 5-15：

```html
<html>
<head>
    <meta http-equiv="Content-Type" content="text/html; charset=gb2312" />
    <title>eval( )函数的用法</title>
    <script type="text/javascript">
        function calc() {
            var express = document.form1.express.value; //取文本框的值
            var re = eval(express);
            document.form1.result.value = re;
        }
    </script>
</head>
<body style="font-size:12px;">
    <form name="form1">
        表达式：<input type="text" name="express" size="20" />
```

```
                <input type="button" onclick="calc()" value="结果为：" />
                <input type="text" name="result" size="10" />
        </form>
</body>
</html>
```

运行上面的代码，结果如图 5-10 所示。

图 5-10

5.2　函数的扩展知识

5.2.1　箭头函数

ECMAScript 6 中允许使用=>来定义函数。箭头函数相当于匿名函数，并简化了函数定义。箭头函数允许我们用更短的语法定义函数。箭头函数可用于替代传统函数 function( ) {}。

语法格式如下：

```
// 箭头函数
let fn = (name) => {
    // 函数体
    return 'Hello ${name} ! ';
};
// 等同于
let fn = function (name) {
    // 函数体
    return 'Hello ${name} ! ';
};
```

① 当只有一个参数时，小括号可省略，即参数 => { //函数体};

```
//只有一个参数，可以省去参数括号
    let fn = name => {
        console.log('hello ${name}!')
    };
```

② 当函数体中只有一句代码类似于 return sum+1 时，箭头函数也可简写成：

```
sum => sum+1;
let fn = sum => sum + 1;
console.log(fn(1)); //2
```

5.2.2 自定义构造函数

创建对象的方法有两种：字面量 const obj = {} 和构造函数 const obj = new Object( )。

这个构造函数就是 JavaScript 程序定义好的构造函数，直接使用就可以了。所谓的构造函数实际上也是一种函数。

构造函数专门用于生成定义对象。通过构造函数生成的对象，称为实例化对象。

构造函数就是一种函数，是专门用于生成对象的函数。实例化对象就是通过构造函数生成的对象，称为实例化对象。

构造函数分为两种：一种是 JavaScript 程序定义好的构造函数，称为内置构造函数；另一种是程序员自己定义的构造函数，称为自定义构造函数。

1. 基本语法

自定义构造函数的语法比普通函数多两个约定：

(1) 只能由 new 操作符来执行(必须)。

(2) 命名以大写字母开头(只是一种规范，不大写也行)。

不写 new 的时候就是普通函数调用，没有创造对象的能力。

```
function Person( ){};
var oa = new Person( );      // 能得到一个空对象
var oz = new Person;         // 能得到一个空对象
```

2. 自定义构造函数的添加方法

构造函数的首字母要大写，非构造函数以小写字母开头，这有助于 ECMAScript 区分普通函数和构造函数。

创建构造函数的实例时，使用 new 关键字。

```
let person1 = new Person('张三', 20, '学生' );
```

具体步骤如下。

(1) 在内存中创建一个新对象。

(2) 这个新对象内部的原型特性被赋值为构造函数的 prototype 属性。

(3) 将 this 指向新对象。

(4) 给新对象添加属性。

（5）返回刚创建的新对象。

构造函数可用于创建特定类型对象，Object 和 Array 都是原生构造函数。

代码如示例 5-16 所示。

示例 5-16：

```
<script>
    function Person(name, age, job) {
        this.name = name;
        this.age = age;
        this.job = job;
        this.sayName = function () {
            console.log(this.name);
        };
    }
    let person1 = new Person('张三', 20, '学生');
    let person2 = new Person('李四', 30, '老师');
    person1.sayName(); //张三
    person2.sayName(); //李四
</script>
```

运行示例 5-16 的代码，结果如图 5-11 所示。

图 5-11

3. 注意点

构造函数参数可省略，在实例化时，如果不想传参也可省略构造函数后面的括号。

```
let person1 = new Person();
let person2 = new Person;
```

（1）构造函数没有显式地创建对象。

（2）构造函数的属性和方法直接赋值给了 this。

（3）构造函数没有 return。

5.2.3 this 对象

与其他语言相比，函数的 this 在 JavaScript 中的表现略有不同，此外，在严格模式和非严格模式之间也会有一些差别。

在绝大多数情况下，函数的调用方式决定了 this 的值(运行时绑定)。this 不能在执行期间被赋值，并且在每次函数被调用时 this 的值也可能会不同。ECMAScript 5 引入 bind( )方法来设置函数的 this 值，而不用考虑函数如何被调用。ECMAScript 2015 引入箭头函数，箭头函数不提供自身的 this 绑定(this 的值将保持为闭合词法上下文的值)。

在 JavaScript 中，this 表示当前调用对象，用在函数体内，从下面例子中就可以看出，this 也是函数体内自带的一个对象指针，它始终指向调用对象，谁调用 this 就是谁。

运行示例 5-17 的代码，结果如图 5-12 所示。

示例 5-17：

```html
<script type="text/javascript">
    let obj = {
            name1: '对象 object',
            fn1: function () {
                return this;
              }
            }
        obj.o2 = {
            name2: '对象 o2',
            fn2: obj.fn1        //引用对象 obj 中的方法 fn1( )
            }
        let who = obj.o2.fn2();
        console.log(who);                //对象 o2
        {name2: '对象 o2', fn2: f}
</script>
```

图 5-12

箭头函数和 function 关键字声明函数的区别如下。

(1) 箭头函数中没有 arguments 对象。

(2) 箭头函数类似表达式声明的匿名函数，必须在声明后才能调用。

(3) 箭头函数本身不创建 this。

在普通函数中，this 总是指向调用它的对象，如果用作构造函数，this 指向创建的对象实例。

5.2.4　函数嵌套与作用域链

《重构——改善既有代码的设计》(马丁·福勒著)一书，提出 JavaScript 语法是允许函数内部嵌套函数的，但并不是所有的编程语言都可以。所谓代码嵌套，指在一个函数内部存在另一个函数的声明。运行示例 5-18 所示的代码，结果如图 5-13 所示。

示例 5-18：

```html
<html>
<head>
<meta http-equiv="Content-Type" content="text/html; charset=gb2312" />
<title>函数嵌套</title>
<script type="text/javascript">
//定义阶乘函数
    function fn(a) {
            //嵌套函数定义，计算平方值的函数
            function multi(x) {
                    return x * x;
            }
            var m = 1;
            for (var i = 1; i <= multi(a); i++) {
                    m = m * i;
            }
            return m;
    }
    var sum = fn(2) + fn(3);
    console.log(sum);
</script>
</head>
<body>
</body>
</html>
```

图 5-13

对于函数嵌套而言，内层函数只能在外层函数作用域内执行，在内层函数执行的过程中，若需要引入某个变量，首先会在当前作用域中寻找，若未找到，则继续向上一层级的作用域寻找，直到全局作用域，我们称这种链式的查询关系为作用域链。

所谓作用域链，就是指一个函数体中嵌套了多层函数体，并在不同的函数体中定义了同一变量，当其中一个函数访问这个变量时，便会形成一条作用域链，如图 5-14 所示。

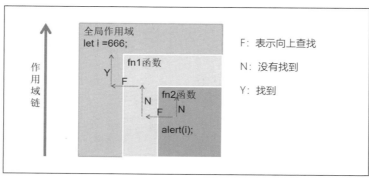

图 5-14

5.2.5 函数的递归

函数的递归是一项非常重要的编程技术，学习使用其他编程技术(如 C、C++、Java 等)时也都会经常用到。

函数的递归指让一个函数从其内部调用其本身，我们称为递归函数。但要注意的是，如果递归函数处理不当，就会使程序陷入"死循环"。为了防止"死循环"的出现，可以设计一个做自加运算的变量，以记录函数自身调用的次数，如果次数太多就让它自动退出循环。

语法格式如下：

```
function  递归函数名(参数 1)
{
    递归函数名(参数 2)
}
```

另外，在定义递归函数时，需要有两个必要条件：首先包括一个结束递归的条件；其次包括一个递归调用的语句。例如，要使用递归算法求 n 的阶乘 $n!$(1!=1，2!=2*1，3!=3*2*1…)。

运行示例 5-19 的代码，结果如图 5-15 所示。

示例 5-19：

```
function getFactorial(n) {
    if (n === 1) {
        return 1;
    }
```

```
            return n * getFactorial(n - 1);
    }
    let res = getFactorial(5);
    console.log(res);
```

图 5-15

递归的过程分为两个阶段：回推和递推。回推就是根据要求解的问题找到最基本的问题解，这个过程需要系统栈保存临时变量的值；递推是根据最基本问题的解得到所求问题的解，这个过程逐步释放栈的空间，直到得到问题的解。

5.2.6　闭包函数

在 JavaScript 中，内部函数可以访问定义在外层函数中的所有变量和函数，并包括其外层函数能访问的所有变量和函数。但是在函数外部则不能访问函数的内部变量和嵌套函数，此时就可以使用"闭包"来实现。

所谓"闭包"指的就是有权访问另一函数作用域内变量(局部变量)的函数。

它最主要的用途是：

(1) 可以在函数外部读取函数内部的变量。

(2) 可以让变量的值始终保持在内存中。

创建闭包的常见方式就是在一个函数内部创建另一个函数，以 fn( )函数为例，创建一个闭包的过程如示例 5-20 所示。

示例 5-20：

```
function fn(x) {              //外部函数
    let a = x;               //外部函数的局部变量，并把参数值传递给它
    let b = function () {    //内部函数
        return a;           //访问外部函数中的局部变量
    }
    a++;                     //访问后，动态更新外部函数的变量
    return b;                //返回内部函数
```

```
}
let c = fn(5);                      //调用外部函数，并赋值给 c
console.log(c());                   //调用内部函数，返回外部函数更新后的值 6
```

运行上面代码，结果如图 5-16 所示。

图 5-16

在示例 5-20 中，定义了一个名为 fn( )的函数，在 fn( )函数内部定义了一个 b( )函数，b( )函数使用了 fn( )函数的变量 a，这样就构成了一个闭包。

 注意

由于闭包会使得函数中的变量一直被保存在内存中，内存消耗很大，所以闭包的滥用可能会降低程序的处理速度，造成内存消耗等问题。

上机目标

● 使用递归函数和箭头函数。

上机练习

练习 1：用递归函数实现求斐波那契数列的第 *n* 项

【问题描述】

用递归函数实现求斐波那契数列的第 *n* 项，如 1, 1, 2, 3, 5, 8, 13, 21,⋯

【问题分析】

在数学上，斐波那契数列被以递推的方法定义：$F(1)=1$，$F(2)=1$，$F(n)=F(n-1)+F(n-2)$（$n>=3$，$n \in N^*$），在现代物理、准晶体结构、化学等领域，斐波那契数列都有直接的应用。

简单来说就是有一个数列从第 3 项开始，每一项的值都等于前 2 项的和，如果要求第 *n* 项，虽然可以推算出来，但当 *n* 特别大的时候就很费时间。

【参考步骤】

(1) 找规律，将这个规律转换成一个公式作为返回值。

(2) 找出口，出口即终止条件，它一定是一个已知的条件。

练习2：给定任意字符串，去掉重复的字符，只保留一个

【问题描述】

给定任意字符串，去掉重复的字符，只保留一个，例如："aabbcc"去重后为"abc"。

【问题分析】

去掉给定字符的重复字符。

【参考步骤】

(1) 双层循环，外循环表示从 0 到 arr.length，内循环表示从 i+1 到 arr.length。

(2) 将没重复的右边值放入新数组。(检测到有重复值时，终止当前循环，同时进入外层循环的下一轮判断)。

单元自测

一、单选题

1. 下列选项中，函数名称命名错误的是(　　)。

    A. getMin   B. getMax   C. get_Info   D. const

2. 下列选项中，可以用于获取用户传递的实际参数值的是(　　)。

    A. this   B. theNums   C. arguments   D. params

3. 以下(　　)不属于 JavaScript 中的作用域。

    A. 全局作用域   B. 链式作用域

    C. 函数作用域   D. 块级作用域

二、问答题

1. 请写出函数的两种声明方式。

2. 请描述 function 关键字声明函数和箭头函数声明函数的区别。

PJ05 完成北部湾助农商城购物车结算

某公司拟开发一套购物商城项目，该系统包括登录、商品管理、商品详情、购物车、订单等模块。

开发此系统共涉及两大部分：

(1) 网站静态页面的实现。

(2) 使用 JavaScript 实现网站交互效果。

本次项目重点讨论如何使用 JavaScript 实现网站交互效果。

PJ05 任务目标

● 计算购物车商品总数。

● 根据商品的选中状态计算总价。

PJ0501 定义一个函数，遍历购物车的所有商品，并得到商品总件数

【任务描述】

在网页中使用 JavaScript 代码，编写一个函数，循环遍历购物车中的所有商品。

【任务分析】

(1) 定义一个 showTotal( ) 函数，声明和初始化所有商品的总件数。

(2) 遍历购物车中的所有商品，得到所有商品的总件数。

【参考步骤】

(1) 创建一个函数，命名为 showTotal。

(2) 在函数中声明并初始化所有商品总件数 total 为 0。

(3) 在函数中写一个 for 循环，遍历购物车内的所有商品，得到所有商品的总件数。

(4) 修改 JavaScript 代码，如示例 5-21 所示。

示例 5-21：

```javascript
//总价
function showTotal() {
    let total = 0;
    //更新列表
    checkOne = listBox.querySelectorAll('.checkOne');
    for (let i = 0; i < checkOne.length; i++) {
        let checkOneNum = checkOne[i].parentElement.parentElement.querySelector('input').value;
```

```
            total += parseInt(checkOneNum);
        }
        console.log('购物车商品总件数：'+total)
    }
```

(5) 按快捷键 F12，在谷歌浏览器中查看 cart.html 页面，结果如图 5-17 所示。

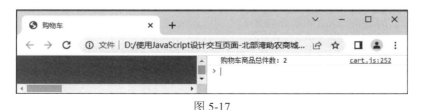

图 5-17

PJ0502 根据购物车商品的选中状态，进行购物车的结算和显示

【任务描述】

在循环过程中，判断已选的购物车中商品，并对其进行计算，得到已选商品的总件数和总价，并显示到页面上。

【任务分析】

(1) 分别声明并初始化已选商品的总件数和总价。

(2) 遍历购物车商品，得到选中的商品的价格和数量，计算得到该商品的合计价格。

(3) 将所有已选中的商品件数和合计价格进行叠加，得到购物车所有选中商品的总价和总件数，并显示到页面中。

【参考步骤】

(1) 在函数中分别声明并初始化已选商品的总件数和总价。

(2) 在 for 循环中，用 if 语句判断每个商品的状态是否为选中，并将选中商品的价格和数量进行计算，得到该商品的合计价格。

(3) 将目前已选中的商品件数和合计价格进行叠加，得到购物车所有选中商品的总价和总件数，并显示到页面中。

(4) 修改 JavaScript 代码，如示例 5-22 所示。

示例 5-22：

```
//总价
function showTotal() {
    let totalPrice = 0;
    let total = 0;
    let count = 0;
    //更新列表
    checkOne = listBox.querySelectorAll('.checkOne');
```

```
for (let i = 0; i < checkOne.length; i++) {
    let checkOneStatus = checkOne[i].parentElement.parentElement.getAttribute('isCheck');
    let checkOneNum = checkOne[i].parentElement.parentElement.querySelector('input').value;
    let checkOnePrice = checkOne[i].parentElement.parentElement.querySelector('.skuPrice').innerText.
        split("¥").join("");
    total += parseInt(checkOneNum);
    if (checkOneStatus == 0) {
        count += parseInt(checkOneNum);
        let num = parseFloat(checkOnePrice) * parseInt(checkOneNum);
        totalPrice += num;
    }
}
let totalStr = '共' + total + '件商品，已选择' + count + '件,商品合计：';
totalText.innerHTML = totalStr;
totalPriceText.innerText = '¥' + totalPrice.toFixed(1);
shoppingCar.innerText = total;
}
```

(5) 在谷歌浏览器中查看 cart.html 页面，结果如图 5-18 所示。

图 5-18

PJ05 评分表

序号	考核模块	配分	评分标准
1	PJ0501：定义一个函数，遍历购物车所有的商品，并得到商品总件数	45	1. 正确创建函数，函数名称无误(5 分) 2. 正确调用函数(15 分) 3. 正确使用不同作用域的变量(15 分) 4. 正确使用循环体(10 分)
2	PJ0502：根据购物车中商品的选中状态，进行结算，并显示	45	1. 正确创建函数，函数名称无误(5 分) 2. 正确调用函数(15 分) 3. 正确使用不同作用域的变量(15 分) 4. 正确显示内容(10 分)

(续表)

序号	考核模块	配分	评分标准
3	编码规范	10	文件名、标签名、退格等符合编码规范(10 分)

单元小结

- 函数的创建和使用。
- 函数表达式及匿名函数的用法。
- 箭头函数的用法。
- 自定义构造函数的用法。
- this 对象的用法。
- 函数嵌套的用法与作用域链的定义。
- 递归函数的用法。
- 闭包函数的用法。

 工单评价表

任务名称	PJ05.完成北部湾助农商城购物车结算				
工号		姓名		日期	
设备配置		实训室		成绩	
实训任务	根据购物车中商品的选中状态，进行购物车的结算。				
任务目的	1. 计算购物车中商品的总数。 2. 根据商品的选中状态计算总价。				

任务编号	开始时间	完成时间	工作日志	完成情况
PJ0501				
PJ0502				

1. 请根据自己任务的完成情况，对自己的工作进行自我评估，并提出改进意见。

   技术方面：

   素养方面：

2. 教师对学生工作情况进行评估，并进行点评摘要：

3. 学习小结：

4. 学生本次任务成绩：

项目

六

商城轮播图的实现

❦

🪧 项目简介

❖ 通过学习 JavaScript 的数组和对象来实现北部湾助农商城轮播图特效。

❖ 了解 BOM 和 DOM 的基础。

❖ 掌握通过 DOM 查找元素节点的操作。

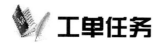 工单任务

任务编号/名称	PJ06.完成北部湾助农商城轮播图特效				
工号		姓名		日期	
设备配置		实训室		成绩	
工单任务	1. 完成轮播图中某张图片的显示和隐藏，对应位置小圆点的样式切换。 2. 完成轮播图中所有图片和小圆点的自动切换。				
任务目标	1. 实现商城首页轮播图手动轮播效果。 2. 实现商城首页轮播图自动轮播效果。				

一、知识链接

1. 技术目标

① 完成商城轮播图的轮播效果。

② 了解 BOM 和 DOM 的基础。

③ 掌握如何通过 DOM 对元素节点进行操作。

④ 掌握定时器的基本使用方法。

2. 素养目标

① 培养学生良好的编码规范。

② 培养学生获取信息并利用信息的能力。

③ 培养学生综合与系统分析能力。

④ 通过课程教学得出实践成果，有助于建立学生的自信心，获得成就感，增强学生对技术学习的兴趣。

⑤ 在开发过程中，培养学生独立创新和团队协作的精神，培养学生的职业规范和良好的职业道德。

二、决策与计划

任务 1：完成轮播图中某张图片的显示和隐藏，对应位置小圆点的样式切换

【任务描述】

设置第 N 个图片为显示，其他图片都隐藏，设置第 N 个小圆点背景为白色，其他小

圆点背景色为透明灰。*N* 值可变。

【任务分析】

① 声明一个 index 变量，存储当前播放图片的位置。

② 写一个改变图片和小圆点显示的函数，当前 index 的图片显示，其他图片隐藏，当前 index 的小圆点背景色为白色，其他小圆点背景色为透明灰。

【任务完成示例】

任务 2：完成轮播图中所有图片和小圆点的自动切换

【任务描述】

商城轮播图的图片每隔 3 秒自动切换下一张，切换完一轮之后，重新从第一张图片开始切换，不断循环。下方的小圆点也随着图片的切换而改变颜色。

【任务分析】

① 写一个循环改变 index 的函数，下标抵达最后一张图片时，设置为 0，否则就+1；index 值改变，就调用改变图片和小圆点显示的函数。

② 写一个定时器，每隔 3 秒调用一次改变 index 的函数。

【任务完成示例】

1. 实训软件工具

HBuilderX 2.6 版本或以上、VSCode 1.5 版本或以上。

2. 小组成员分工

个人完成。

三、实施

1. 任务内容及要求

任务编号	内容	要求
PJ0601	完成轮播图中某张图片的显示和隐藏，对应位置小圆点的样式切换	1. 正确创建页面，页面名称无误。 2. 正确创建函数，调用函数。 3. 正确使用 DOM，操作元素节点无误。 4. 正确显示轮播界面。
PJ0602	完成轮播图中所有图片和小圆点的自动切换	1. 正确创建页面，页面名称无误。 2. 正确创建函数，调用函数。 3. 正确使用 DOM，操作元素节点无误。 4. 正确使用定时器，轮播正常。

2. 实施注意事项

① 编辑器按要求使用 HBuilderX 或 VSCode。
② 功能实现完整，并且调试无误。
③ 按编码规范进行编码。

工作手册

到目前为止，我们已经学过了 JavaScript 的一些简单语法，但是这些简单的语法与浏览器并没有任何交互，也就是我们还不能制作经常看到的一些网页交互效果。例如，单击文字展开下拉式目录等，是用 JavaScript 动态实现的。而 JavaScript 分为 ECMAScript、DOM、BOM。其中，ECMAScript 就是前面学习的 JavaScript 基本语法、数组、函数和对象等。BOM(browser object model，浏览器对象模型)使 JavaScript 有能力与浏览器进行"对话"。DOM(document object model，文档对象模型)可以访问 HTML 文档的所有元素。本项目继续学习 BOM 和 DOM 的相关知识。

6.1 BOM 对象

BOM(浏览器对象模型)是将所使用的浏览器抽象成对象模型，例如，打开一个浏览器，会呈现出以下页面，通过 JavaScript 提供浏览器对象模型，我们可以模拟浏览器功能。例如，在浏览器地址栏中输入地址，按回车键这个过程，可以使用 location 对象进行模拟；浏览器中的前进和后退按钮，可以使用 history 对象模拟。当然，BOM 对象不仅仅具备这些功能，本单元将主要介绍 BOM 的使用方法。

6.1.1 什么是 BOM 对象

BOM 主要处理浏览器窗口和框架，提供独立于内容而与浏览器进行交互的对象。由于 BOM 主要用于管理窗口与窗口之间的通信，因此其核心对象是 window，其他的对象都是以属性的方式添加到 window 对象下，也可称为 window 的子对象。

6.1.2 常用的 BOM 对象

(1) screen 对象：screen 对象中存放着有关显示浏览器屏幕的信息。

(2) window 对象：window 对象表示一个浏览器窗口或一个框架。

(3) navigator 对象：包含的属性描述了正在使用的浏览器。

(4) history 对象：用于记录浏览器的访问历史记录信息。

(5) location 对象：location 对象是 window 对象的一个部分，用于获取当前浏览器中

URL 地址栏内的相关信息。可通过 window.location 属性来访问。

6.1.3 window 对象

所有浏览器都支持 window 对象，它表示浏览器窗口。

window 对象是 BOM 中所有对象的核心，同时也是 BOM 中所有对象的父对象。定义在全局作用域中(使用 var 声明)的变量、函数及 JavaScript 中的内置函数都可以被 window 对象调用。

全局变量是 window 对象的属性，全局函数是 window 对象的方法。因此在调用 window 对象的方法和属性时，可以省略 window 对象的引用。例如，window.document.write( )可以简写成 document.write( )。

示例 6-1 所示的代码演示了一个使用 var 声明的 window 对象。

示例 6-1：

```
<script>
    var country = "中国";
    function getCountry(){
        return this.country;
    }
    console.log(country);
    console.log(this.country);
    console.log(window.country);
    console.log(getCountry());
    console.log(window.getCountry());
    console.log(this.getCountry());
</script>
```

运行示例 6-1 的代码，结果如图 6-1 所示。

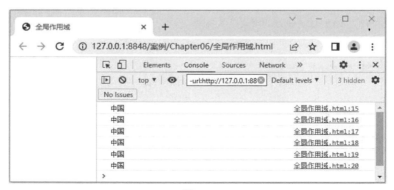

图 6-1

示例 6-2 所示的代码演示了一个使用 let 声明的 window 对象。

示例 6-2：

```
<script>
    let country = "中国";
    function getCountry(){
        return this.country;
    }
    console.log(country);
    console.log(this.country);
    console.log(window.country);
    console.log(getCountry());
    console.log(window.getCountry());
    console.log(this.getCountry());
</script>
```

运行示例 6-2 的代码，结果如图 6-2 所示。

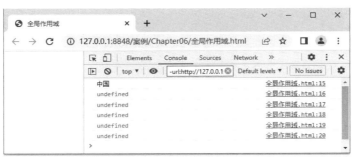

图 6-2

从示例 6-1 和示例 6-2 可见，只有 var 声明的变量才是默认挂载在 window 对象下的全局变量，并且此时 this 也指向 window，因此 this.country 和 window.country 的输出结果相同。

6.1.4　history 对象

当在网上浏览网页时，浏览器会自动维护一个用户最近访问的 URL 列表，这个列表就是 history(历史)对象。history 对象的 length 属性可以被访问，但是不能提供任何有用信息。history 对象的属性和方法如表 6-1 所示。

表 6-1　history 对象的属性和方法

分类	名称	说明
属性	length	返回历史列表中的网址数
方法	back( )	加载 history 列表中的前一个 URL
	forward( )	加载 history 列表中的下一个 URL
	go( )	加载 history 列表中的某个具体页面

出于安全方面的考虑，history 对象不能直接获取用户浏览过的 URL，但可以控制浏览器实现"后退"和"前进"的功能。

当 go( )的参数值是一个负整数时，表示"后退"指定的页数；当参数值是一个正整数时，表示"前进"指定的页数。

6.1.5　location 对象

location(地址栏)对象可获取 URL 属性或更改 URL，它代表该窗口中当前显示的文档的 URL。

在 Internet 上访问的每一个网页文件，都有一个访问标记符(见图 6-3)，用于唯一标识它的访问位置，以便通过浏览器可以访问到，这个访问标记符被称为 URL(统一资源定位符)。

图 6-3

location 对象的属性及返回值如表 6-2 所示。

表 6-2　location 对象的属性及返回值

属性	返回值
location.href	获取或设置整个 URL
location.host	返回主机(域名)，如 www.example.com
location.port	返回端口号
location.pathname	返回路径
location.search	返回参数
location.hash	返回 #后面内容，常见于锚链接

运行示例 6-3 的代码，结果如图 6-4 所示。

示例 6-3：

```
<script>
    console.log(location.href);
    console.log(location.host);
    console.log(location.port);
    console.log(location.pathname);
    console.log(location.search);
    console.log(location.hash);
</script>
```

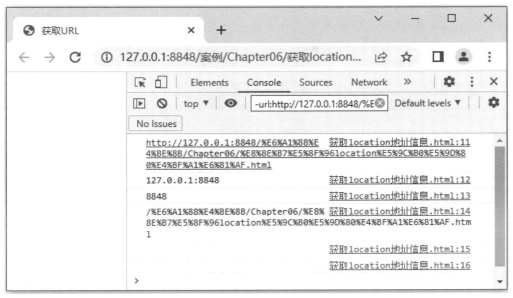

图 6-4

location 对象中更改 URL 的方法及说明如表 6-3 所示。

表 6-3　更改 URL 的方法及说明

方法	说明
assign( )	载入一个新的文档(跳转页面，记录浏览历史，有后退功能)
reload( )	重新载入当前文档(刷新页面，括号中为 true 时，会强制刷新)
replace( )	用新的文档替换当前文档(跳转页面，不记录浏览历史，没有后退功能)

location 对象除它的属性外，自身也可以被用作一个原始字符串值。有时候，读取一个 location 对象的值所得到的字符串与读取该对象的 href 属性值会相同。这样，若将一个新的 URL 地址字符串赋给 window.location 属性，就会引起浏览器装载并显示指定的 URL 的页面内容。示例 6-4 实现了将一个 URL 赋给 window 的 location 属性，页面转到京东的站点。

示例 6-4：

```
<script>
    location.assign('https://www.jd.com'); //演示时会看到代码执行到这行跳转到京东首页
    location.reload(true); //当代码执行到这行页面会强制刷新
    location.replace('http://www.example.com');
//当代码执行到这行时，页面会跳转到地址 http://www.example.com
</script>
```

运行示例 6-4 的代码，结果如图 6-5 所示。

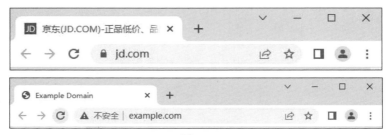

图 6-5

reload()方法的唯一参数是一个布尔类型值，将其设置为 true 时，它会绕过缓存，从服务器上重新下载该文档，类似于浏览器中的刷新页面按钮。

6.1.6 定时器

JavaScript 中可通过 window 对象提供的方法实现在指定时间后执行特定操作，也可以让程序代码每隔一段时间执行一次，实现间歇操作。这就是 JavaScript 的定时器，JavaScript 提供了两种定时器，setTimeout( )和 setInterval( )方法，并可通过对应的 clearTimeout( )或 clearInterval( )方法清除定时器。

定时器方法及说明如表 6-4 所示。

表 6-4 定时器方法及说明

方法	说明
setTimeout( )	在指定的毫秒数后调用函数或执行一段代码
setInterval( )	按照指定的周期(以毫秒计)来调用函数或执行一段代码
clearTimeout( )	取消由 setTimeout( )方法设置的定时器(必须给定时器先加标识符，即变量名)
clearInterval( )	取消由 setInterval( )设置的定时器(必须给定时器先加标识符，即变量名)

1. setInterval( )定时器的使用

setInterval( )定时器用于周期性执行脚本，即每隔一段时间执行指定的代码，通常用于在网页上显示时钟、实现网页动画、制作漂浮广告等。

(1) setInterval( )的两种使用方式。

第一种是传入函数名形式(注意函数名后不能加小括号)，如示例 6-5 所示。

示例 6-5：

```
<script>
    let num1 = 3;
    function echoNumInterval(){
```

```
        if(num1>0){
            console.log(num1);
        }
        num1--;
    }
    setInterval(echoNumInterval,2000);
</script>
```

运行示例 6-8 的代码，结果如图 6-6 所示。

图 6-6

上述代码实现了每隔 2 秒，更新一次 num1 的值并输出，直到 num1 等于 0，不再输出。

setInterval(echoNumInterval,2000)的第一个参数是要执行的函数代码，第二个参数表示间隔的毫秒值。

第二种是传入函数体形式，如示例 6-6 所示。

示例 6-6：

```
<script>
    let num2 = 3;
    setInterval(function(){
        if(num2>0){
            console.log(num2);
        }
        num2--;
    },2000);
</script>
```

运行示例 6-6 的代码，结果如图 6-7 所示。

图 6-7

(2) 使用 clearInterval( )方法清除 setInterval( )定时器。

 注意 ————————————————————————

清除定时器必须有标识符，即变量名。

运行示例 6-7 的代码，结果如图 6-8 所示。

示例 6-7：

```
<script>
    let timer = setInterval(function(){
        console.log('我是不会被打印的');
    },500);
    clearInterval(timer);
</script>
```

图 6-8

运行示例 6-7 的代码可见，clearInterval( )的使用清除了 setInterval( )定时器，所以 console.log('我是不会打印的')就不会被执行。

需要注意的是，如果不使用 clearInterval( )清除定时器，setInterval( )方法会一直循环执行，直到页面关闭为止。

2. setTimeout( )定时器的使用

setTimeout( )定时器可以实现延时操作，即延时一段时间后执行指定的代码。

(1) setTimeout( )的使用方式有两种。

第一种是传入函数名形式(注意函数名后不能加小括号)，如示例 6-8 所示。

示例 6-8：

```
<script>
    function echoNumTimeout(){
        let num = 3;
        console.log(num);
    }
    setTimeout(echoNumInterval,2000);
</script>
```

运行示例 6-8 的代码，结果如图 6-9 所示。

图 6-9

上述代码实现了当网页打开后，停留 2 秒会输出 num 的值。setTimeout(echoNumInterval，2000)的第一个参数是要执行的函数代码，第二个参数表示要延时的毫秒值。

第二种是传入函数体形式，如示例 6-9 所示。

示例 6-9：

```
<script>
    setTimeout(function(){
        let num = 3;
        console.log(num);
    },2000);
</script>
```

运行示例 6-9 的代码，结果如图 6-10 所示。

图 6-10

(2) 当需要清除 setTimeout( )定时器时，可以使用 clearTimeOut( )方法。注意：清除定时器必须有标识符，即变量名。

运行示例 6-10 的代码，结果如图 6-11 所示。

示例 6-10：

```
<script>
    let timer = setTimeout(function(){
        console.log('我是不会被打印的');
    },500);
    clearTimeOut(timer);
</script>
```

图 6-11

运行示例 6-10 代码可见，clearTimeOut( )的使用清除了 setTimeout( )定时器，所以 console.log('我是不会打印的')就不会被执行。

对 setTimeout( )和 setInterval( )方法所做的比较如下。

(1) 相同点：都可以在一个固定时间段内执行 JavaScript 程序代码。

(2) 不同点：setTimeout( )只执行一次代码，setInterval( )会在指定的时间间隔后，自动重复执行代码。

6.2 DOM 对象

DOM(文档对象模型)是针对 HTML 和 XML 文档的一个 API(应用程序编程接口)。一般来讲，所有支持 JavaScript 的浏览器都支持 DOM。它以树状结构表示 HTML 和 XML 文档，定义了遍历树、检查和修改树的节点的方法和属性。

W3C 组织把 DOM 分成下面的部分和 3 个不同的版本(DOM 1/2/3)。

(1) Core DOM：定义了任意结构文档的标准对象集合。

(2) XML DOM：定义了针对 XML 文档的标准对象集合。

(3) HTML DOM：定义了针对 HTML 文档的标准对象集合。

(4) DOM CSS：定义了在程序中操作 CSS 规则的接口。

(5) DOM Events：给 DOM 添加事件处理。

本书将重点介绍 HTML DOM。HTML DOM 定义了访问和操作 HTML 文档的标准方法，HTML DOM 将 HTML 文档表示为带有元素、属性和文本的树结构(节点树)。在树状结构中，所有的元素及它们包含的文本都可以被 DOM 树访问到。不仅可以修改和删除它们的内容，还可以通过 DOM 建立新的元素。HTML DOM 独立于语言平台，它可以被任何程序语言使用(如 Java、JavaScript、VBScript)。本项目使用 JavaScript 存取页面及其元素。

6.2.1 一个 HTML DOM 的例子

示例 6-11 所示是使用 DOM 改变文档颜色的例子。

示例 6-11：

```
<html>
<head>
<meta charset="utf-8"/>
<title>DOM 树</title>
<script type="text/javascript">
    function changeColor()
    {
        document.body.bgColor="yellow";
        document.getElementById("h11").innerText="文档背景变成黄色了";
    }
</script>
</head>
<body onclick="changeColor()">
    <h1 id ="h11">单击按钮文档，改变颜色!</h1>
    <form name="myform1">
        <input type="button" value="确定" onclick="changeColor()">
    </from>
</body>
</html>
```

　　document 对象是所有 HTML 文档内其他对象的父节点，document.body 对象代表了 HTML 文档的<body>元素，document 对象是 body 对象的父节点，也可以说 body 对象是 document 对象的子节点。document.body.bgColor 属性定义了 body 对象的背景颜色，document. body.bgColor="yellow"将 HTML 文档的背景颜色设置为黄色。HTML 文档对象可以对事件做出反应，在示例 6-11 中<body>元素的 onclick="changeColor( )"属性定义了当用户单击文档后发生相应的行为。

6.2.2　HTML DOM 的树结构

　　当浏览器解释执行示例 6-11 代码时，就把这个文档描述成一个文档树(DOM 树)，如图 6-12 所示。在树结构中，每个 HTML 标记成为树的节点，可以理解成把文档对象的每个标记解析成树节点对象。在 DOM 中，整个文档是一个文档节点，每个 HTML 标签是一个元素节点，包含在 HTML 元素中的文本是文本节点，每个 HTML 属性是一个属性节点，注释属于注释节点。

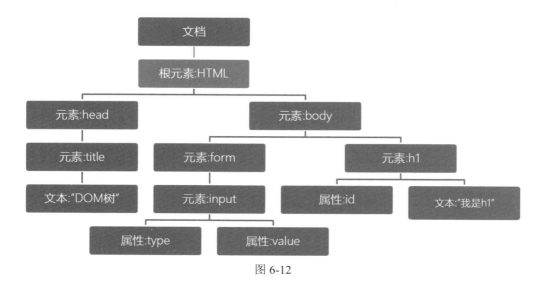

图 6-12

在 DOM 中定义了 12 种类型的节点，表 6-5 列出了 HTML DOM 中定义的 6 个节点对象。

表 6-5　HTML DOM 中定义的节点对象及说明

类型	说明	对应 HTML 元素
Element	HTML 或 XML 元素	<p>...</p>
Attribute	HTML 或 XML 元素属性	align="center"
Text	HTML 或 XML 元素的文本	This is a text fragment!
Comment	HTML 注释	<!--文本注释-->
Document	文档树的根	<html>
DocumentType	文档类型定义	<!DOCTYPE HTML PUBLIC "-//W3C//DTD HTML 4.01 Transitional//EN" "http: //www.w3.org/TR/html4/loose.dtd">

6.2.3　获取页面元素

既然 HTML 的文档被描述成文档树，现在需要访问树上的某个节点(元素)，怎么做呢？DOM 提供了多种方法来访问树上的节点。

1. 通过 ID 名

getElementById( )可通过指定的 ID 来返回元素，使用 document.getElementById("元素的 ID")就可以得到该元素。想要得到给定元素，必须指定该元素的 ID 属性。

运行示例 6-12 的代码，结果如图 6-13 所示。

示例 6-12：

```
<!DOCTYPE html>
<html lang="en">
<head>
    <meta charset="UTF-8">
    <title>获取页面元素</title>
</head>
<body>
    <div class="fatherClass" id="fatherId">
        <div class="childClass" id="child1Id"></div>
        <div class="childClass" id="child2Id"></div>
    </div>
    <script>
        let father = document.getElementById('fatherId');
        console.log(father);
    </script>
</body>
</html>
```

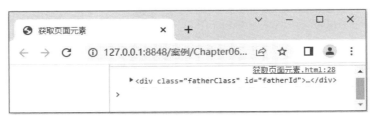

图 6-13

2. 通过类名

getElementsByClassName( )方法可返回带有指定类名的对象的集合。该方法与 getElementById( )方法相似，但是它查询元素的类名，而不是 ID 属性。另外，因为一个文档中的同类名的元素可能不唯一，所有 getElementsByClassName( )方法返回的是元素的数组，而不是一个元素。

如示例 6-13 所示。

示例 6-13：

```
<!DOCTYPE html>
<html lang="en">
<head>
    <meta charset="UTF-8">
    <meta http-equiv="X-UA-Compatible" content="IE=edge">
    <meta name="viewport" content="width=device-width, initial-scale=1.0">
    <title>获取页面元素</title>
```

```
        </head>
        <body>
            <div class="fatherClass" id="fatherId">
                <div class="childClass" id="child1Id"></div>
                <div class="childClass" id="child2Id"></div>
            </div>
            <script>
                let childs = document.getElementsByClassName('childClass');
                console.log(childs);
            </script>
        </body>
    </html>
```

运行示例 6-13 的代码，结果如图 6-14 所示。

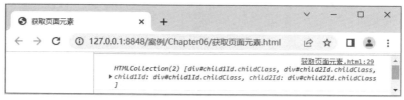

图 6-14

3. 通过标签名

getElementsByTagName( )方法，输入的参数是 HTML 文档标签的名字，同样也返回一个节点元素数组。例如，document.getElementsByTagName("div");将返回 HTML 文档中的所有 div 对象组成的数组。如果想得到第一个 div 对象，可以使用 document.getElements ByTagName("div")[0]。

运行示例 6-14 的代码，结果如图 6-15 所示。

示例 6-14：

```
<!DOCTYPE html>
<html lang="en">
<head>
    <meta charset="UTF-8">
    <meta http-equiv="X-UA-Compatible" content="IE=edge">
    <meta name="viewport" content="width=device-width, initial-scale=1.0">
    <title>获取页面元素</title>
</head>
<body>
    <div class="fatherClass" id="fatherId">
        <div class="childClass" id="child1Id"></div>
        <div class="childClass" id="child2Id"></div>
    </div>
    <script>
```

```
                    let divs = document.getElementsByTagName('div');
                    console.log(divs);
console.log(divs[0]);
        </script>
</body>
</html>
```

图 6-15

4. 通过 name 属性

getElementsByName( )方法可返回带有指定名称的对象的集合。该方法与 getElementById( )方法相似，但是它查询元素的 name 属性，而不是 ID 属性。另外，因为一个文档中的 name 属性可能不唯一(如 HTML 表单中的单选按钮通常具有相同的 name 属性)，所有 getElementsByName( )方法返回的是元素的数组，而不是一个元素。

document.getElementsByName( )方法如示例 6-15 所示。

示例 6-15：

```
<!DOCTYPE html>
<html lang="en">
<head>
    <meta charset="UTF-8">
    <title>获取页面元素</title>
</head>
<body>
    <div class="fatherClass" id="fatherId">
        <div class="childClass" id="child1Id"></div>
        <div class="childClass" id="child2Id"></div>
        <input type="text" name="txtName">
    </div>
```

```
        <script>
            let input = document.getElementsByName('txtName');
            console.log(input);
        </script>
    </body>
</html>
```

运行示例 6-15 的代码，结果如图 6-16 所示。

图 6-16

5. 获取特殊节点

(1) 获取 body 元素。使用的是 document.body。

(2) 获取 html 元素。使用的是 document.documentElement。

如示例 6-16 所示。

示例 6-16：

```
<!DOCTYPE html>
<html lang="en">
<head>
    <meta charset="UTF-8">
    <title>获取页面元素</title>
</head>
<body>
    <div class="fatherClass" id="fatherId">
        <div class="childClass" id="child1Id"></div>
        <div class="childClass" id="child2Id"></div>
        <input type="text" name="txtName">
    </div>
    <script>
        let body = document.body;
        let html = document.documentElement;
        console.log(body);
        console.log(html);
    </script>
```

```
</body>
</html>
```

运行示例 6-16 的代码，结果如图 6-17 所示。

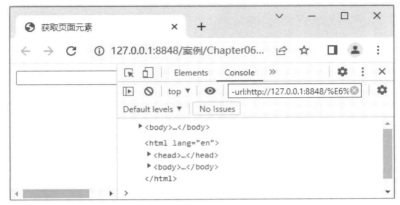

图 6-17

6. H5 新增选择器获取元素的方法

querySelector( )和 querySelectorAll( )的参数都是 css 选择器，可以是 ID 名、类名或标签名。前者返回符合条件的第一个匹配的元素，如果没有则返回 Null；后者返回符合筛选条件的所有元素集合，如果没有符合筛选条件的则返回空数组。如示例 6-17 所示。

示例 6-17：

```
<!DOCTYPE html>
<html lang="en">
<head>
    <meta charset="UTF-8">
    <title>获取页面元素</title>
</head>
<body>
    <div class="box">盒子 1</div>
    <div class="box">盒子 2</div>
    <div id="nav">
        <ul>
            <li>首页</li>
            <li>产品</li>
        </ul>
    </div>
    <script>
// 1. querySelector 返回指定选择器的第一个元素对象，切记里面的选择器需要加.box 和#nav
        var firstBox = document.querySelector('.box');
        console.log(firstBox);
        var nav = document.querySelector('#nav');
```

```
            console.log(nav);
            var li = document.querySelector('li');
            console.log(li);
            // 2. querySelectorAll()返回指定选择器的所有元素对象集合
            var allBox = document.querySelectorAll('.box');
            console.log(allBox);
            var lis = document.querySelectorAll('li');
            console.log(lis);
        </script>
    </body>
</html>
```

运行示例 6-17 的代码，结果如图 6-18 所示。

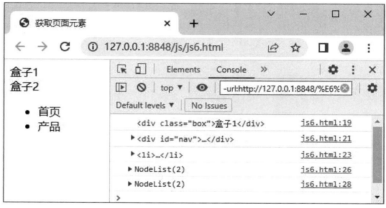

图 6-18

接下来介绍如何使用一个元素节点的 parentNode、firstChild 及 lastChild 属性。

parentNode、firstChild 及 lastChild 3 个属性可遵循文档的结构，在文档中进行"短距离的旅行"，如示例 6-18 所示的 HTML 代码片段。

示例 6-18：

```
<table>
  <tr><td>JAVA</td><td>Android</td><td>PHP</td></tr>
</table>
```

在上面的 HTML 代码中，第一个<td>是<tr>元素的首个子元素(firstChild)，而最后一个<td>是<tr>元素的最后一个子元素(lastChild)。此外，<tr>是每个<td>元素的父节点(parentNode)。

运行示例 6-18 的代码，结果如图 6-19 所示。

图 6-19

6.2.4　操作 DOM 元素

在 DOM 中，为了方便 JavaScript 获取、修改和遍历指定 HTML 元素的相关属性，提供了操作的属性和方法。

1. 返回或设置元素样式

DOM 元素常用属性名称及说明如表 6-6 所示。

表 6-6　DOM 元素常用属性名称及说明

属性	说明
background	设置或返回元素的背景属性
backgroundColor	设置或返回元素的背景色
display	设置或返回元素的显示类型
height	设置或返回元素的高度
left	设置或返回定位元素的左部位置
listStyleType	设置或返回列表项标记的类型
overflow	设置或返回如何处理呈现在元素框外面的内容
textAlign	设置或返回文本的水平对齐方式
textDecoration	设置或返回文本的修饰
textIndent	设置或返回文本第一行的缩进
transform	向元素应用 2D 或 3D 转换

设置元素样式的格式：

element.style.属性名称

运行示例 6-19 的代码，结果如图 6-20 所示。

示例 6-19：

```html
<!DOCTYPE html>
<html>
<head>
    <meta charset="UTF-8" />
    <title>操作 DOM 元素</title>
</head>
<body>
    <div class="fatherClass" id="fatherId" style="color: blue;">
        <div class="childClass" id="child1Id">Child1</div>
        <div class="childClass" id="child2Id">Child2</div>
        <input type="text" name="txtName" value="hello">
    </div>
    <script>
        let childs = document.querySelectorAll('.childClass');
        childs[0].style.color = 'red';              //child1 字体将变为红色
        childs[1].style.color = 'gray';             //child2 字体将变为灰色
    </script>
</body>
</html>
```

图 6-20

 注意 ─ ─ ─ ─ ─

如果获取的是节点数组，必须先遍历或通过数组元素的操作方法取到具体元素后再进行操作。

2. 获取或设置元素内容

获取或设置从起始位置到终止位置的内容，但会去除 html 标签，同时也会去掉空格和换行。

(1) element.innerText：起始位置到终止位置的全部内容，包括 html 标签，同时保留空格和换行。

(2) element.innerHTML：元素节点从标签开始范围内的文本，不包含 HTML 标签(获取时与 innerText 相同，设置时不同)。

(3) element.outerText：元素节点从标签开始范围内的文本，包含 HTML 标签。

(4) element.outerHTML：获取元素内容，如示例 6-20 所示。

示例 6-20：

```
<<!DOCTYPE html>
<html lang="en">
<head>
    <meta charset="UTF-8">
    <title>操作 DOM 元素</title>
</head>
<body>
    <p>我是<strong>p</strong>标签</p>
    <script>
        let p = document.querySelector('p');
        console.log(p.innerText);
        console.log(p.innerHTML);
        console.log(p.outerText);
        console.log(p.outerHTML);
    </script>
</body>
</html>
```

运行示例 6-20 的代码，结果如图 6-21 所示。

图 6-21

接下来介绍如何设置元素内容。分别如示例 6-21～示例 6-24 所示。

(1) 使用 innerText 设置内容，如示例 6-21 所示。

示例 6-21：

```
<<!DOCTYPE html>
<html lang="en">
<head>
    <meta charset="UTF-8">
    <title>操作 DOM 元素</title>
</head>
<body>
    <p>我是<strong>p</strong>标签</p>
    <script>
        let p = document.querySelector('p');
        p.innerText = '<strong>我是替换的内容</strong>';
        p.innerHTML = '<strong>我是替换的内容</strong>';
        p.outerText = '<strong>我是替换的内容</strong>';
        p.outerHTML = '<strong>我是替换的内容</strong>';
    </script>
</body>
</html>
```

运行示例 6-21 的代码，结果如图 6-22 所示。

图 6-22

如图 6-22 所示，使用 p.innerText 设置元素内容，完整显示了 p 元素中的文本，包括 <strong></strong> 以文本形式显示。

(2) 使用 innerHTML 设置内容，如示例 6-22 所示。

示例 6-22：

```
<<!DOCTYPE html>
<html lang="en">
<head>
    <meta charset="UTF-8">
    <title>操作 DOM 元素</title>
</head>
<body>
    <p>我是<strong>p</strong>标签</p>
    <script>
        let p = document.querySelector('p');
```

```
            p.innerHTML = '<strong>我是替换的内容</strong>';
        </script>
</body>
</html>
```

运行示例 6-22 的代码，结果如图 6-23 所示。

图 6-23

如图 6-23 所示，使用 p.innerHTML 设置元素内容，显示了加粗后的 p 元素中的文本，说明<strong></strong>是 HTML 标签。

(3) 使用 outerText 设置内容，如示例 6-23 所示。

示例 6-23：

```
<<!DOCTYPE html>
<html lang="en">
<head>
    <meta charset="UTF-8">
    <title>操作 DOM 元素</title>
</head>
<body>
    <p>我是<strong>p</strong>标签</p>
    <script>
        let p = document.querySelector('p');
        p.outerText = '<strong>我是替换的内容</strong>';
    </script>
</body>
</html>
```

运行示例 6-23 的代码，结果如图 6-24 所示。

```
▼ <body>
  ▶ <div class="fatherClass" id="fatherId" style="color: blue;">…</div>
    " <strong>我是替换的内容</strong> " == $0
  ▶ <script>…</script>
  </body>
```

图 6-24

如图 6-24 所示，使用 p.outerText 设置元素内容，p 标签直接被字符串文本替代，<strong></strong>标签也以字符串形式显示。

(4) 使用 outerHTML 设置内容，如示例 6-24 所示。

示例 6-24：

```html
<<!DOCTYPE html>
<html lang="en">
<head>
    <meta charset="UTF-8">
    <title>操作 DOM 元素</title>
</head>
<body>
    <p>我是<strong>p</strong>标签</p>
    <script>
        let p = document.querySelector('p');
        p.outerHTML= '<strong>我是替换的内容</strong>';
    </script>
</body>
</html>
```

运行示例 6-24 的代码，结果如图 6-25 所示。

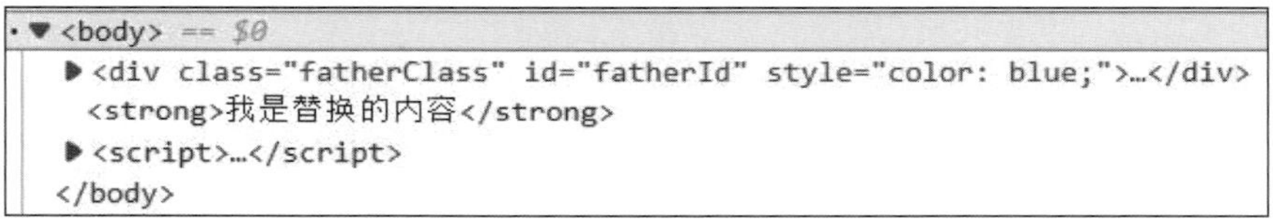

```
· ▼ <body> == $0
    ▶<div class="fatherClass" id="fatherId" style="color: blue;">…</div>
      <strong>我是替换的内容</strong>
    ▶<script>…</script>
    </body>
```

图 6-25

如图 6-25 所示，使用 p.outerHTML 设置元素内容，p 标签被"我是替换的内容"标签替代。

3. 获取或设置元素属性

常用的属性包括 src、href、id、alt、title 等，对它们的具体说明如表 6-7 所示。

表 6-7　常用属性及说明

属性	说明
src	图像的 URL 地址
href	链接的目标地址
id	定义元素的唯一 id
alt	用来为图像定义一串预备的可替换文本
title	描述了元素的额外信息

(1) 获取元素属性，如示例 6-25 所示。

示例 6-25：

```
<<!DOCTYPE html>
<html lang="en">
<head>
    <meta charset="UTF-8">
    <title>操作 DOM 元素</title>
</head>
<body>
        <img src="image/1678607852417.jpg" alt="风景">
    <script>
        let img = document.querySelector('img');
        console.log(img.src);
        console.log(img.alt);
    </script>
</body>
</html>
```

运行示例 6-25 的代码，结果如图 6-26 所示。

图 6-26

(2) 获取元素属性，如示例 6-26 所示。

示例 6-26：

```
<<!DOCTYPE html>
<html lang="en">
<head>
    <meta charset="UTF-8">
    <title>操作 DOM 元素</title>
</head>
```

```
<body>
    <img src="image/1678608227600.jpg" alt="月亮">
    <script>
        let img = document.querySelector('img');
        console.log(img.src);
        console.log(img.alt);
    </script>
</body>
</html>
```

运行示例 6-26 的代码，结果如图 6-27 所示。

图 6-27

4. attributes 属性操作

在 JavaScript 中，attributes 属性可以获取并返回指定元素节点的属性集合，还可以设置元素的属性和移除元素的属性，它通过下面的 3 种方法对 attributes 属性进行操作。

(1) 获取元素属性值。

element.getAttribute('属性名')

除了内置属性，还可获取自定义属性的值。

(2) 设置元素属性值。

element.setAttribute ('属性名',值)

(3) 移除元素属性。

```
element.removeAttribute('属性名')
```

5. 元素中类名的操作，通过 classList 类选择器列表

element.classList 是一个只读属性，返回一个元素的类属性的实时 DOMTokenList 集合。

相比将 element.className 作为以空格分隔的字符串来使用，classList 是一种更方便的访问元素的类列表的方法。熟知且常用的两种给 DOM 元素添加类的操作就是 JavaScript 中的 className 和 jQuery 中的 addClass。实际上 classList 已经出现很久，Firefox 浏览器和 Chrome 浏览器都支持这个 API；对于大家都熟知的 IE 浏览器，则仅对 IE 10 以上的版本才能支持。

常用的属性方法及说明如表 6-8 所示。

表 6-8　常用的属性方法及说明

分类	名称	说明
属性	length	可以获取元素类名的个数
方法	add( )	可以给元素添加类名，一次只能添加一个
	remove( )	可以将元素的类名删除，一次只能删除一个
	toggle( )	切换元素的样式，若元素之前没有指定名称的样式则添加，如果有则移除
	item( )	根据接收的数字索引参数，获取元素的类名
	contains	判断元素是否包含指定名称的样式，若包含则返回 true，否则返回 false

运行示例 6-27 的代码，结果如图 6-28 所示。

示例 6-27：

```
<!DOCTYPE html>
<html lang="en">
<head>
    <meta charset="UTF-8">
    <title>classList 操作</title>
</head>
<body>
    <div class="apple orange bannana"></div>
    <script>
        let div = document.querySelector('div');
        let divClassList = div.classList;
        console.log(divClassList); // 类名集合['apple','orange','bannana']
        console.log(divClassList.length); //3
        divClassList.add('pear'); // 类名集合变为 ['apple','orange','bannana','pear']
```

```
            divClassList.remove('pear'); //pear 类又被删除
            divClassList.toggle('melon'); //原来没有 melon 类，所以添加上，若有类名则删除
            console.log(divClassList.item(3));//melon
            console.log(divClassList.contains('melon')); //true
        </script>
    </body>
</html>
```

图 6-28

6. 节点的操作

对 HTML 文档的处理可以通过对 DOM 树(详见 6.2.2 节)中每个节点之间的关系来实现，如图 6-29 所示。

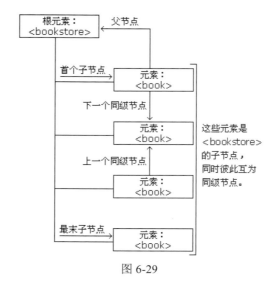

图 6-29

DOM 树中节点的关系如下。

(1) 根节点：\<html>标签是整个文档的根节点，有且仅有一个。

(2) 子节点：指的是某一个节点的下级节点。

(3) 父节点：指的是某一个节点的上级节点。

(4) 兄弟节点：两个节点同属于一个父节点。

6.3 通过节点关系查找元素

在 JavaScript 中，获取元素的方法有很多种。但如果每个元素都是考虑通过其 ID 名、类名、标签名等常规方法来获取，就会显得很烦琐，而且代码看起来也不好看。

为了使得代码更加易懂，我们可以通过节点来获取元素，也就是说利用标签的层级关系来获取元素，如示例 6-28 所示。

示例 6-28：

```
<!DOCTYPE html>
<html lang="en">
<head>
    <meta charset="UTF-8">
    <title>通过节点关系查找元素</title>
</head>
<body>
    <div class="father">
        <div class="child1">child1</div>
        <div class="child2">child2</div>
    </div>
</body>
</html>
```

通过上面的示例，可以看出 father 类是两个 child 的父级节点，两个 child 是 father 的子节点，而 child1 和 child2 之间是兄弟节点关系。

(1) 通过 parentNode 查找父节点(只返回最近一个父节点)。

代码如示例 6-29 所示。

示例 6-29：

```
<!DOCTYPE html>
<html lang="en">
<head>
    <meta charset="UTF-8">
    <title>通过节点关系查找元素</title>
</head>
```

```
<body>
    <div class="father">
        <div class="child1">child1</div>
        <div class="child2">child2</div>
    </div>
    <script>
        let child1 = document.querySelector('.child1');
        let father = child1.parentNode;
        console.log(father);
    </script>
</body>
</html>
```

运行示例 6-29 的代码，结果如图 6-30 所示。

图 6-30

(2) 通过 children 查找子节点(返回所有子节点的集合)。

代码如示例 6-30 所示。

示例 6-30：

```
<!DOCTYPE html>
<html lang="en">
<head>
    <meta charset="UTF-8">
    <title>通过节点关系查找元素</title>
</head>
<body>
    <div class="father">
        <div class="child1">child1</div>
        <div class="child2">child2</div>
    </div>
    <script>
        let child1 = document.querySelector('.child1');
```

```
            let father = child1.parentNode;
            let children = father.children;
            console.log(children);
    </script>
</body>
</html>
```

运行示例 6-30 的代码，结果如图 6-31 所示。

图 6-31

(3) 通过 nextElementSibling 和 previousElementSibling 查找下一个/上一个兄弟节点。

代码如示例 6-31 所示。

示例 6-31：

```
<!DOCTYPE html>
<html lang="en">
<head>
    <meta charset="UTF-8">
    <title>通过节点关系查找元素</title>
</head>
<body>
    <div class="father">
        <div class="child1">child1</div>
        <div class="child2">child2</div>
    </div>
    <script>
        let child1 = document.querySelector('.child1');
        let father = child1.parentNode;
        let children = father.children;
        let child2 = child1.nextElementSibling;
        console.log(child2);
        console.log(child2.previousElementSibling);
    </script>
</body>
</html>
```

运行示例 6-31 的代码，结果如图 6-32 所示。

图 6-32

6.4 在 DOM 中添加/删除元素节点

DOM 把 HTML 文档表示为一棵 DOM 对象树，每个节点对象表示文档的特定部分，如果需要动态改变页面元素的属性，则可以通过修改元素对象实现。

对元素对象的方法及说明如表 6-9 所示。

表 6-9　元素对象的方法及说明

方法	说明
document.createElement()	创建元素节点
appendChild()	在指定元素的子节点列表的末尾添加一个节点
insertBefore(new,before)	为当前节点增加一个子节点(插入指定子节点之前)
removeChild()	删除一个节点

通过元素对象的 document.createElement( )、appendChild( )、insertBefore(new,before)、removeChild( )方法可以实现节点的添加和删除，代码如示例 6-32 所示。

示例 6-32 使用 document 对象创建一个元素并为该元素添加和删除节点。

示例 6-32：

```
<!DOCTYPE html>
<html lang="en">
<head>
    <meta charset="UTF-8">
    <meta http-equiv="X-UA-Compatible" content="IE=edge">
    <meta name="viewport" content="width=device-width, initial-scale=1.0">
    <title>添加和删除元素节点</title>
</head>
<body>
    <ul>
        <li>1</li>
```

```
            <li>2</li>
            <li>3</li>
        </ul>
        <script>
            let ul = document.querySelector('ul');
            let li = document.createElement('li');        //创建一个元素节点 li
            li.innerText = 4;
            ul.appendChild(li);                           //ul 列表中最后将新增<li>4</li>
            let firstChild = ul.children[0];
            let liNew = document.createElement('li');
            liNew.innerHTML = '<strong>我来置顶了</strong>';
            ul.insertBefore(liNew,firstChild);            //将在原来文本为 1 的 li 前新增<li><strong>我来置
                                                            顶了</strong></li>
            ul.removeChild(firstChild);                   //将删除元素节点<li>1</li>
        </script>
    </body>
</html>
```

上机实战

上机目标

- 使用定时器进行倒计时。

- 使用 BOM 操作地址方法。

- 使用 DOM 对元素节点进行操作。

上机练习

练习 1：编写一个程序，实现 5 秒倒计时功能(页面看到 5、4、3、2、1 的倒数效果)，到 0 时将页面跳转至新页面。

【问题描述】

使用定时器进行 5 秒的倒计时功能，倒计时结束，页面地址链接到新页面。

【问题分析】

主要练习定时器的设置和清除用法，以及 BOM 的 location 操作。

【参考步骤】

(1) 构建一个显示倒计时的元素结构，并用 DOM 方法获取该元素。

(2) 设置 setInterval( )定时器每过一秒变量值-1，代表时间减少一秒，并使用之前获取的元素节点在页面显示；当倒计时结束，清除定时器，使用 location.href 跳转到新页面，如示例 6-33 所示。

示例 6-33：

```html
<!DOCTYPE html>
<html>
<head>
    <meta charset="UTF-8" />
    <title>倒计时跳转</title>
</head>
<body>
    <div>5</div>
    <script type="text/javascript">
        let num = 5;
        let div = document.querySelector('div');
        function move(){
            num--;
            if(num>0){
                div.innerHTML = num;
            }else{
                clearInterval(timer);
                location.href = 'new_page';
            }
        }
        let timer = setInterval(move,1000);
</script>
</body>
</html>
```

(3) 在谷歌浏览器中查看 html 页面，结果如图 6-33 和图 6-34 所示。

图 6-33

图 6-34

练习2：编写 JavaScript 程序，动态创建如图 6-35 所示的水果列表。

【问题描述】

用 JavaScript 代码动态创建无序列表，列表中的每一项都是动态创建并显示水果数据。

【问题分析】

主要练习节点创建、子节点的添加、节点样式修改、节点内容修改等 DOM 操作。

【参考步骤】

(1) 获取 body 元素，并创建子节点 ul 列表。

(2) 在 ul 列表中创建多个 li，分别添加内容、样式，呈现效果为：第一行显示红色的"红苹果"，第二行显示黄绿色的"黄香蕉"，第三行显示深绿色的"绿橘子"，如示例 6-34 所示。

示例 6-34：

```
<!DOCTYPE html>
<html>
<head>
      <meta charset="UTF-8" />
      <title>动态创建列表</title>
</head>
<body>
      <script type="text/javascript">
            let body = document.body;
            let ul = document.createElement('ul');
            body.appendChild(ul);
            let liApple = document.createElement('li');
            liApple.innerHTML = '红苹果';
            liApple.style.color = 'red';
            ul.appendChild(liApple);
            let liBanana = document.createElement('li');
            liBanana.innerHTML = '黄香蕉';
            liBanana.style.color = 'yellowgreen';
            ul.appendChild(liBanana);
            let liOrange = document.createElement('li');
            liOrange.innerHTML = '绿橘子';
            liOrange.style.color = 'darkgreen';
            ul.appendChild(liOrange);
      </script>
</body>
</html>
```

(3) 在谷歌浏览器中查看 html 页面，结果如图 6-35 所示。

图 6-35

单元自测

一、单选题

1. 下列关于 BOM 对象描述正确的是( )。

A. go(1)与 back( )皆可表示向历史列表后退一步

B. go(-1)与 back( )皆可表示向历史列表后退一步

C. go(0)表示刷新当前网页

D. 以上都不正确

2. 下面可用于获取文档中全部 div 元素的是( )。

A. document.querySelector('div')

B. document.querySelectorAll('div')

C. document.getElementsByName('div')

D. 以上选项都可以

3. 下列选项中，可作为 DOM 的 style 属性操作的样式名是( )。

A. background

B. display

C. background-color

D. LEFT

二、问答题

1. setTimeout( )和 setInterval( )方法的区别是什么？

2. innerHTML、innerText、outerHTML、outerText 的区别是什么？

完成工单

PJ06 完成北部湾助农商城轮播图特效

某公司拟开发一套购物商城项目，该系统包括登录、商品管理、商品详情、购物车、订单等模块。

开发此系统共涉及两大部分：

(1) 实现网站静态页面。

(2) 使用 JavaScript 实现网站交互效果。

本项目重点讨论如何使用 JavaScript 实现网站交互效果。

PJ06 任务目标

- 完成商城轮播图的轮播效果。
- 了解 BOM 和 DOM 的基础。
- 掌握如何通过 DOM 对元素节点进行操作。
- 掌握定时器的基本使用方法。

PJ0601 完成轮播图中某张图片的显示和隐藏，对应位置小圆点的样式切换

【任务描述】

设置第 N 个图片为显示，其他图片都隐藏，设置第 N 个小圆点背景为白色，其他小圆点背景色为透明灰。N 值可变。

【任务分析】

(1) 声明一个 index 变量，存储当前播放图片的位置。

(2) 写一个改变图片和小圆点显示的函数，当前 index 的图片显示，其他图片隐藏，当前 index 的小圆点背景色为白色时，其他小圆点背景色为透明灰。

【参考步骤】

(1) 声明一个 index 变量，存储当前播放图片的位置，初始值为 0，所有图片横向排列，设置图片的父组件宽为固定值，此时只会显示第一张图片，当 index 改变时，将父组件滑动到 index*宽的固定值，则父组件显示的图片将改变。

(2) 设置小圆点正常显示的样式类，一个小圆点灰色背景为 hover 样式类。

(3) 写一个改变图片和小圆点显示的函数 circleChange( )，先将所有圆点都去除样式类，再给当前 index 的小圆点背景色加上 hover 类。如示例 6-35 所示。

示例 6-35：

```html
<!DOCTYPE html>
<html>
<head>
    <meta charset="UTF-8">
    <title></title>
</head>
<body>
    <div class="banner">
        <ul class="imgList">
            <li><img src="image/1678607852417.jpg" alt=""></li>
            <li><img src="image/1678608227600.jpg" alt=""></li>
        </ul>
        <div class="circle"> </div>
    </div>
</body>
<script>
    window.onload = function() {
        var imgList = document.querySelector('.imgList');
        var circle = document.querySelector('.circle');
        var index = 0;
        var imgListLi = imgList.children;
        var circleA = circle.children;
        var flag = true;
        imgList.style.width = imgList.children.length * 620 + 'px';
        for (var i = 0; i < imgList.children.length; i++) {
            var aNode = document.createElement('a');
            aNode.setAttribute('index', i); //设置自定义属性
            if (i == 0) {
                aNode.className = 'hover';
            }
            circle.appendChild(aNode);
        }
        circle.addEventListener('click', function(e) {
            if (flag) {
                flag = false;
                // console.log(e.target);
                if (e.target.nodeName != 'A') {
                    return false;
                }
                index = e.target.getAttribute('index');
                // imgList.style.left = -index * 620 + 'px';
                slow(imgList, -index * 620, function() {
                    flag = true;
                });
```

```
                    circleChange();
                }
            })
            function circleChange() {
                for (var i = 0; i < circleA.length; i++) {
                    circleA[i].className = '';
                }
                circleA[index].className = 'hover';
            }
            function slow(obj, target, callback) {
                obj.myInter = setInterval(function() {
                    var offsetLeft = obj.offsetLeft;
                    var num = (target - offsetLeft) / 10;
                    num > 0 ? num = Math.ceil(num) : num = Math.floor(num);
                    if (offsetLeft == target) {
                        clearInterval(obj.myInter);
                        callback && callback();
                    } else {
                        obj.style.left = offsetLeft + num + 'px';
                    }
                }, 10)
            }
            function antoChange() {
                setInterval(function() {
                    if (flag) {
                        flag = false;
                        if (index >= circleA.length) {
                            index = 0;
                        }
                        slow(imgList, -index * 620, function() {
                            flag = true;
                        });
                        circleChange();
                        index++;
                    }
                }, 3000);
            }
            antoChange();
        }
    </script>
    <style>
        * {
            margin: 0px;
            padding: 0px;
        }
```

```css
        .banner {
            width: 600px;
            margin: auto;
            height: 350px;
            position: relative;
            overflow: hidden;
        }
        .imgList {
            list-style: none;
            /* width: 2480px; */
            position: absolute;
            /* left:-620px; */
        }
        .imgList img {
            width: 600px;
            height: 350px;
        }
        .imgList li {
            float: left;
            margin-right: 20px;
        }
        .circle {
            position: absolute;
            bottom: 15px;
            left: 50%;
            transform: translateX(-50%);
        }
        .circle a {
            width: 15px;
            height: 15px;
            background: yellow;
            display: block;
            border-radius: 50%;
            opacity: .5;
            float: left;
            margin-right: 5px;
            cursor: pointer;
        }
        .circle a.hover {
            background: black;
            opacity: .8;
        }
    </style>
</html>
```

在谷歌浏览器中查看 index.html 页面。

PJ0602 完成轮播图中所有图片和小圆点的自动切换

【任务描述】

商城轮播图的图片每隔 3 秒自动切换下一张，切换完一轮之后，重新从第一张图片开始切换，不断循环。下方的小圆点也随着图片的切换而改变颜色。

【任务分析】

(1) 写一个循环改变 index 的函数，下标抵达最后一张图片时，设置为 0，否则就+1；index 值改变，就调用改变图片和小圆点显示的函数。

(2) 写一个定时器，每隔 3 秒调用一次改变 index 的函数。

【参考步骤】

(1) 写一个循环改变 index 的函数 antoChange，index 大于等于所有图片数量时，设置为 0，否则就+1；然后调用函数 circleChange。

(2) 设置一个每隔 3 秒执行一次的 setInterval( )定时器，调用 antoChange( )函数。如示例 6-36 所示。

示例 6-36：

```
function antoChange() {
    setInterval(function() {
        if (flag) {
            flag = false;
            if (index >= circleA.length) {
                index = 0;
            }
            slow(imgList, -index * 620, function() {
                flag = true;
            });
            circleChange();
            index++;
        }
    }, 3000);
}
antoChange();
```

在谷歌浏览器中浏览 index.html，发现图片和小圆点会自动切换。

PJ06 评分表

序号	考核模块	配分	评分标准
1	PJ0601：完成轮播图中某张图片显示和隐藏，某个小圆点的样式切换	45	1. 正确创建页面，页面名称无误(5 分) 2. 正确创建函数，调用函数(15 分) 3. 正确使用 DOM，操作元素节点无误(15 分) 4. 正确显示轮播界面(10 分)
2	PJ0602：完成轮播图中所有图片和小圆点的自动切换	45	1. 正确创建页面，页面名称无误(5 分) 2. 正确创建函数，调用函数(15 分) 3. 正确使用 DOM，操作元素节点无误(15 分) 4. 正确使用定时器，轮播正常(10 分)
3	编码规范	10	文件名、标签名、退格等符合编码规范(10 分)

单元小结

- 了解什么是 BOM。
- 掌握常用 BOM 的使用方法。
- 了解什么是 DOM。
- 了解 DOM 树。
- 掌握通过 DOM 对元素节点的操作。

工单评价表

任务名称	PJ06.完成北部湾助农商城轮播图特效				
工号		姓名		日期	
设备配置		实训室		成绩	
实训任务	1. 完成轮播图中某张图片显示和隐藏，对应位置小圆点的样式切换。 2. 完成轮播图中所有图片和小圆点的自动切换。				
任务目的	1. 实现商城首页轮播图手动轮播效果。 2. 实现商城首页轮播图自动轮播效果。				

任务编号	开始时间	完成时间	工作日志	完成情况
PJ0601				
PJ0602				

1. 请根据自己任务完成的情况，对自己的工作进行自我评估，并提出改进意见。

   技术方面：

   素养方面：

2. 教师对学生工作情况进行评估，并进行点评摘要：

3. 学习小结：

4. 学生本次任务成绩：

项目
七

滚动条的实现

📍 项目简介

❖ 本项目主要完成北部湾助农商城项目中滚动条的滚动事件。

❖ 掌握事件处理的概念。

❖ 掌握事件基本模型和表单元素的常用事件。

❖ 使用表单元素验证用户输入。

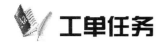工单任务

任务编号/名称	PJ07.完成北部湾助农商城滚动条的滚动事件				
工号		姓名		日期	
设备配置		实训室		成绩	
工单任务	1. 完成商城滚动条滚动高度的判断。 2. 完成商城滚动条滚动时，菜单栏和快捷操作栏的切换。				
任务目标	1. 搭建商城导航栏的布局。 2. 完成商城滚动条判断。 3. 完成滚动条滚动时，菜单栏和快捷操作栏的切换。				

一、知识链接

1. 技术目标

① 搭建商城导航栏的布局。

② 了解事件的概述。

③ 掌握事件的绑定方式。

④ 掌握事件的对象和常用事件。

2. 素养目标

① 培养学生良好的编码规范。

② 培养学生获取信息并利用信息的能力。

③ 培养学生综合与系统分析能力。

④ 通过 JavaScript 基础事件描述，引出我国基础软件、底层软件下的现状，鼓励学生对编程技术的研究和探索，培养学生不畏艰难、坚定信念、积极进取的工匠精神。

二、决策与计划

任务 1：完成商城滚动条滚动高度的判断

【任务描述】

在网页中使用 JavaScript 代码，动态获取并存储滚动条的滚动高度，当高度大于 80 像素时，存储切换状态为 true，否则为 false。然后输出切换状态。

【任务分析】

① 获取滚动条的滚动高度，需使用 window.onscroll 事件方法。

② 用 if-else 语句判断滚动条高度，大于 80 像素时，存储切换状态为 true，否则为 false，并输出切换状态。

【任务完成示例】

任务 2：完成商城滚动条滚动时，菜单栏和快捷操作栏的切换

【任务描述】

当滚动条向下滚动高度大于 80 像素时，红色背景的快捷操作栏隐藏，菜单栏固定在窗口顶部；当滚动条向下滚动高度小于等于 80 像素时，红色背景的快捷操作栏显示，菜单栏恢复到正常位置。

【任务分析】

① 写一个固定定位的菜单栏。

② 当滚动高度大于 80 像素时，菜单栏移除隐藏类，否则，添加隐藏类。

③ 当滚动高度大于 80 像素时，快捷操作栏添加隐藏类，否则，移除隐藏类。

【任务完成示例】

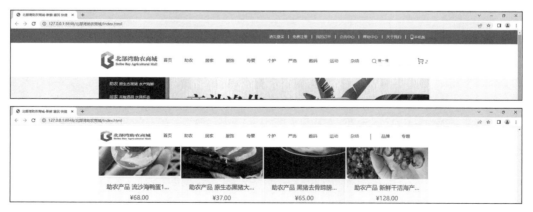

1. 实训软件工具

HBuilderX 2.6 版本或以上、VSCode 1.5 版本或以上。

2. 小组成员分工

个人完成。

三、实施

1. 任务内容及要求

任务编号	内容	要求
PJ0701	完成商城滚动条滚动高度的判断	1. 正确搭建菜单栏和操作栏的布局，显示正常。 2. 正确使用 window.onscroll 事件。 3. 正确获取页面滚动高度。 4. 正确使用 if-else 语句。
PJ0702	完成商城滚动条滚动时，菜单栏和快捷操作栏的切换	1. 正确使用 if-else 语句。 2. 菜单栏随着页面滚动且在正确位置显示。 3. 快捷操作栏随着页面滚动且正确显示和隐藏。 4. 正确使用延时器，防止窗口抖动。

2. 实施注意事项

① 编辑器按要求使用 HBuilderX 或 VSCode。

② 功能实现完整，并且调试无误。

③ 按编码规范进行编码。

事件是指用户在网页上执行的某项操作，如窗口被用户关闭，以及在页面的某个区域单击、移动鼠标、按下键盘上的某个按键等。当某个事件产生时，会触发相应的处理程序来响应该事件。通过创建事件的处理程序，可提高用户和网页的交互性。本项目将介绍浏览器支持的事件和与该事件对应的处理程序及事件在表单验证中的应用。

7.1 事件的基础

7.1.1 事件概述

网页是由浏览器内置对象组成的，这些内置对象包括按钮、列表框、输入框等，事件是 JavaScript 与对象之间进行交互的"桥梁"，也将用户和 Web 页面连接在一起，使页面可以和用户进行交互，响应用户的操作，从而实现不同的功能。

(1) 事件：可被理解为是 JavaScript 侦测到的行为，如页面的加载、鼠标单击页面、鼠标指针滑过某个区域等。

(2) 事件处理程序：指 JavaScript 为响应用户行为所执行的程序代码，如用户单击 button 按钮，这个行为就会被 JavaScript 中的 click 事件侦测到；然后会自动执行为 click 事件编写的程序代码，如在控制台输出"按钮被单击"。

(3) 事件流：事件发生时，会在发生事件的元素节点与 DOM 树根节点之间按照特定的顺序进行传播，这个事件传播的过程就是事件流，如图 7-1 所示。事件流包括 3 个阶段：捕获阶段、目标阶段和冒泡阶段。

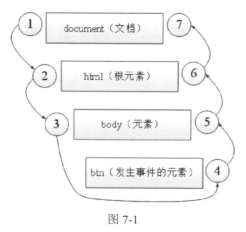

图 7-1

图 7-1 中，当一个按钮的事件被触发时，事件执行的机制实际会判断执行的是哪个机制，如果是捕获机制，会逐级从①执行到③，再到④目标阶段；而如果是冒泡机制，则会先进行④目标阶段，再逐级往上执行冒泡阶段的⑤～⑦。JavaScript 中事件默认为冒泡机制。

7.1.2　事件的绑定

事件绑定指的是为某个元素对象的事件绑定事件处理程序，HTML 支持对绝大多数页面元素进行事件绑定，在 JavaScript 中注册事件通常使用下面几种方法。

(1) 行内绑定式。通过 HTML 标签的属性设置实现。

(2) 动态绑定式。

(3) 事件监听式。

1. 行内绑定式

(1) 标签名可以是任意的 HTML 标签，如<div>标签、<button>标签等。

(2) 事件是由 on 和事件名称组成的一个 HTML 属性，如单击事件对应的属性名为 onclick。

(3) 事件的处理程序指的是 JavaScript 代码，如匿名函数等。

语法如下：

```
<标签名　on 事件名="事件处理程序">
```

当与之绑定的对象有相应事件发生时就会执行相应的 JavaScript 代码。示例 7-1 实现了单击页面中的超链接就会弹出一个消息框。

示例 7-1：

```
<!DOCTYPE html>
<html>
<head>
    <meta charset="UTF-8">
    <title>事件绑定</title>
</head>
<body>
  <a href="#" onclick="alert('欢迎学习 js 事件及应用!')">点击</a>
</body>
</html>
```

运行结果如图 7-2 所示。

图 7-2

2. 动态绑定式

在 JavaScript 中，当把一个函数的引用赋值给一个事件属性时，就发生了绑定，也就给这个对象注册了事件。函数的引用是指引用函数的名称，不带函数定义中的括号。示例 7-2 实现了在页面上按下绑定事件的两个常用方法和移除事件监听的方法，一个是 DOM 属性绑定事件，另一个是事件监听式。

示例 7-2：

```html
<!DOCTYPE html>
<html>
<head>
    <meta charset="UTF-8">
    <title>this 引用</title>
    <script type="text/javascript">

    //页面加载完成时，动态绑定 id=inputText 的 onblur 事件
    window.onload= function(){
        let inputText= document.getElementById("inputText") ;
        //动态绑定
        inputText.onblur= square ;        //失去焦点时运行
        // inputText.onblur=null ;         //移除事件
    } ;

    function square()
    {
        let number= this.value;          //inputText 调用此函数，所以 this 表示当前文本框
        document.getElementById("resultText").value = number * number ;
        this.style.color="red" ;
    }
    </script>
</head>
<body>
    求
    <input type="number" id="inputText"      onfocus=" style.color='blue' " >
```

```
            的平方值=
            <input type="number"  id="resultText" readonly>
</body>
</html>
```

运行结果如图 7-3 所示。

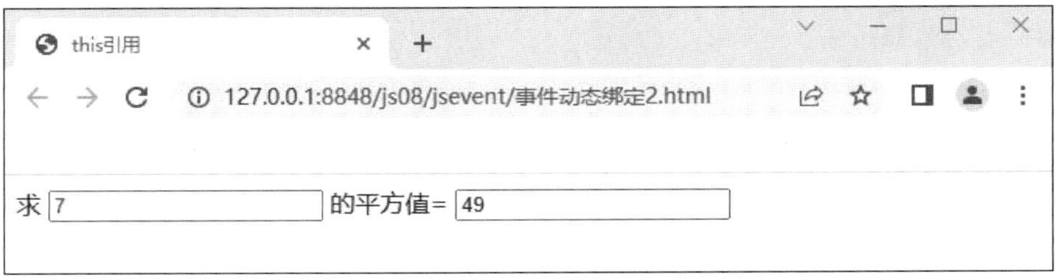

图 7-3

绑定事件到对象属性的缺点是：没有办法向事件处理函数传递参数。

3. 事件监听式

DOM 元素对象.addEventListener('事件名', 事件处理函数, [capture]);中参数 capture 可省略，省略时为默认值 false，表示在冒泡阶段完成事件处理；将其设置为 true 时，表示在捕获阶段完成事件处理。监听式绑定方法中，同一个对象同一种事件也可以绑定多个事件处理函数，并可相应移除。移除方法为：DOM 对象.removeEventListener('事件名', 事件处理函数, [capture]);参数必须与绑定时一致。事件监听式绑定如示例 7-3 所示。

示例 7-3：

```
<!DOCTYPE html>
<html>
<head>
        <meta charset="UTF-8">
        <title>this 引用</title>
        <script type="text/javascript">

        //页面加载完成时，动态绑定 id=inputText 的 onblur 事件
        window.onload= function(){
            let   inputText= document.getElementById("inputText") ;
            //事件监听式绑定
            inputText.addEventListener("blur", square ) ;        //失去焦点时运行
        }

        function square()
        {
            let number= this.value;        //在 inputText 调用此函数，所以 this 表示当前文本框
            document.getElementById("resultText").value = number * number ;
```

```
                    this.style.color="red" ;
            }
          </script>
  </head>
  <body>
      求
      <input type="number" id="inputText" onfocus=" style.color='blue' " >
      的平方值=
      <input type="number" id="resultText" readonly>
  </body>
  </html>
```

7.1.3　事件对象

当发生事件时，都会产生一个事件对象 event，事件对象中包含与事件相关的信息，包括发生事件的 DOM 元素、事件的类型及其他与特定事件相关的信息。例如，因鼠标点击产生事件时，事件对象中就会包括鼠标点击的位置(横纵坐标)等相关信息。获取事件对象时，触发事件函数默认都有一个参数，就是事件对象 event，事件对象 event 中的常用属性包括：event.type 返回事件类型，event.target 返回触发此事件的 DOM 元素(事件流的目标阶段)。通过控制台程序可以看到事件对象 event 的详细项目，如示例代码 7-4 所示。

示例 7-4：

```
<!DOCTYPE html>
<html lang="en">
<head>
    <meta charset="UTF-8">
    <meta http-equiv="X-UA-Compatible" content="IE=edge">
    <meta name="viewport" content="width=device-width, initial-scale=1.0">
    <title>事件对象</title>
</head>
<body>
    <button id="btn">按钮</button>
    <script>
        let btn = document.querySelector('#btn');
        btn.addEventListener('click',function(event){
            console.log(event);
        },false)
    </script>
</body>
</html>
```

7.1.4 事件冒泡

在事件流中，默认的事件处理机制为冒泡机制，当子元素被点击时，会先从目标阶段子元素自己的事件开始执行，依次往上逐级寻找，直至找到 father 的事件，继续执行。因此，事件冒泡就是指父元素和子元素有相同的事件，当触发子元素事件时，会向上冒泡，同时会触发父元素事件，如示例 7-5 所示，运行后单独点击父元素，只会在控制台输入"father"，而点击子元素时，除了运行子元素的单击事件输出"child"外，还会"冒泡"执行父元素的单击事件，一起输出"father"。利用事件冒泡原理，把原本需要绑定在子元素的响应事件(click、keydown…)委托给父元素，让父元素承担事件监听的职责，这就叫事件委托或事件代理。

示例 7-5：

```
<!DOCTYPE html>
<html lang="en">
<head>
    <meta charset="UTF-8">
    <meta http-equiv="X-UA-Compatible" content="IE=edge">
    <meta name="viewport" content="width=device-width, initial-scale=1.0">
    <title>事件冒泡</title>
    <style>
        * {
            margin: 0;
            padding: 0;
        }
        .father {
            width: 500px;
            height: 400px;
            background-color: green;
            padding-top: 50px;
        }
        .children {
            color: #fff;
            margin: 0 auto;
            text-align: center;
            width: 300px;
            height: 300px;
            line-height: 300px;
            background-color: royalblue;
        }
    </style>
</head>
<body>
    <div class="father" id="father">
```

```
            <div class="children" id="child">子元素</div>
        </div>
        <script>
            let father = document.querySelector('#father');
            let child = document.querySelector('#child');

            father.addEventListener('click',function(e){
                console.log('father');
            },false)

            child.addEventListener('click',function(e){
                console.log('child');

            },false)
        </script>
    </body>
</html>
```

运行结果如图 7-4 所示。

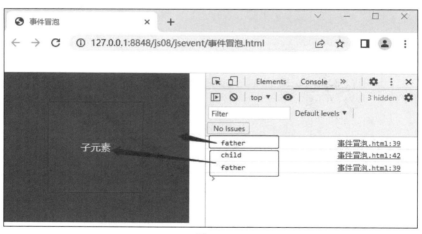

图 7-4

7.1.5 阻止事件冒泡

当某子元素的上层(以及上上层,直至 body 元素)父级拥有子元素同样的方法,若执行了子元素的事件后,所有父级元素的同名函数也会从下到上,由里往外,挨个执行。大多数情况下,我们只希望子当前元素事件执行,不希望层层执行,有什么办法阻止父级事件的执行呢?也就是怎么阻止事件冒泡。利用事件的 stopPropagation( )函数在支持 W3C 的浏览器可阻止事件往父级元素执行,如示例 7-6 所示。由于运行了 stopPropagation( )函数,当执行子元素 click 后,并未执行父元素的 click 事件。

示例 7-6：

```
<script>
    let father = document.querySelector('#father');
    let child = document.querySelector('#child');

    father.addEventListener('click',function(e){
        console.log('father');
    },false)

    child.addEventListener('click',function(e){
        console.log('child');
        e.stopPropagation();    //阻止事件冒泡方法，当执行到此句时事件将不再逐级向上
    },false)
</script>
```

7.1.6　阻止默认事件

浏览器有右键事件，<a>和<img>标签有链接跳转事件，这些事件又怎么阻止呢？如示例 7-7 所示，通过 event. preventDefault( )就可以阻止默认事件的运行。

示例 7-7：

```
<!DOCTYPE html>
<html lang="en">
<head>
    <meta charset="UTF-8">
    <meta http-equiv="X-UA-Compatible" content="IE=edge">
    <meta name="viewport" content="width=device-width, initial-scale=1.0">
    <title>阻止默认事件</title>
</head>
<body>
    <a href="https://www.taobao.com">淘宝首页</a>
    <script>
        let link = document.querySelector('a') ;
        link.addEventListener('click',function(e) {
            e.preventDefault() ;    //阻止打开 a 标签的超链接
        },false) ;

        document.addEventListener('contextmenu',function(e){
            e.preventDefault();     //阻止右键菜单
        } , false )

    </script>
</body>
</html>
```

7.2 常用事件

7.2.1 页面事件

所有页面事件都明确地处理整个页面的函数和状态，包括页面的加载和卸载，即用户访问页面和离开关闭页面的事件类型。页面初始化 load 事件类型在页面完全加载完毕时触发，load 事件会加载页面所有的图形图像、外部文件(如.css、.js 文件等)。当页面关闭时，会触发 unLoad 事件，从而清除和释放资源，节约内存。页面 load 事件如示例 7-8 所示。

示例 7-8：

```html
<!DOCTYPE html>
<html lang="en">

<head>
    <meta charset="UTF-8">
    <meta http-equiv="X-UA-Compatible" content="IE=edge">
    <meta name="viewport" content="width=device-width, initial-scale=1.0">
    <title>页面事件</title>
</head>

<body>
    <script>
        //页面的 load 事件晚于文档的 DOMContentLoaded 执行
        window.addEventListener('load',function(){
            let btn = document.querySelector('button');
            btn.addEventListener('click', function (e) {
                console.log('单击事件 1');
            })
        })

        // 文档的 DOMContentLoaded 载入完成事件，先于页面 load 事件执行
        document.addEventListener('DOMContentLoaded',function(){
            let btn = document.querySelector('button');
            btn.addEventListener('click', function (e) {
                console.log('单击事件 2');
            })
        })
    </script>
    <button>按钮</button>
</body>
</html>
```

7.2.2　焦点事件

在网页开发中，焦点事件多用于表单验证功能，如：文本框获取焦点改变文本框的样式(onfocus)，文本框失去焦点时执行某个事件或方法等(onblur)。例如示例 7-9 在输入框获取焦点时，字体变蓝色(执行了 onfocus 事件的 style.color='blue'代码)；而输入数字，且失去焦点后，颜色会变成红色，且自动计算输入的数字的平方值(执行了 onblur 事件中的 square 方法)。

示例 7-9：

```html
<!DOCTYPE html>
<html>
<head>
    <meta charset="utf-8">
    <title>this 引用</title>
    <script type="text/javascript">
    function square(inputText)
      {
          let   number= inputText.value;      //this 表示文本框
          document.getElementById("resultText").value = number * number   ;
          inputText.style.color="red" ;         //更改颜色
      }
    </script>
</head>
<body>
    求
    <input type="number"   id="inputText"   onfocus=" style.color='blue' "
onblur="square(this)">
    的平方值=
    <input type="number"   id="resultText" readonly>
</body>
</html>
```

7.2.3　鼠标事件

在 JavaScript 中，鼠标事件是 Web 开发中最常用的事件类型，对鼠标事件类型的详细说明如表 7-1 所示。

表 7-1　事件名称及触发时机

事件名称	事件触发时机
click	当按下并释放任意鼠标按键时触发
dblclick	当双击鼠标时触发

事件名称	事件触发时机
mouseover	当鼠标指针进入时触发
mouseout	当鼠标指针离开时触发
change	当内容发生改变时触发，一般多用于\<select\>对象
mousedown	当按下任意鼠标按键时触发
mouseup	当释放任意鼠标按键时触发
mousemove	在元素内当鼠标指针移动时持续触发

常见鼠标的使用方法如示例 7-10 所示。

示例 7-10：

```html
<!DOCTYPE html>
<html lang="en">

<head>
    <meta charset="UTF-8">
    <meta http-equiv="X-UA-Compatible" content="IE=edge">
    <meta name="viewport" content="width=device-width, initial-scale=1.0">
    <title>鼠标事件</title>
    <style>
        * {
            margin: 0;
            padding: 0;
        }

        ul {
            width: 800px;
            height: 80px;
            background-color: cadetblue;
        }

        li {
            float: left;
            list-style: none;
            color: aliceblue;
            width: 160px;
            height: 80px;
            line-height: 80px;
            text-align: center;
            cursor: pointer;
        }
```

```html
        </style>
    </head>

    <body>
        <ul>
            <li>标题 1</li>
            <li>标题 2</li>
            <li>标题 3</li>
            <li>标题 4</li>
            <li>标题 5</li>
        </ul>
        <script>
            let lis = document.querySelectorAll('li');
            for (let i = 0; i < lis.length; i++) {
                lis[i].addEventListener('click',function(e){
                    console.log('标题'+(i+1)+'的 click 事件');
                })
                lis[i].addEventListener('dblclick',function(e){
                    console.log('标题'+(i+1)+'的 dblclick 事件');
                })
                lis[i].addEventListener('mouseover',function(e){
                    console.log('标题'+(i+1)+'的 mouseover 事件');
                })
                lis[i].addEventListener('mouseout',function(e){
                    console.log('标题'+(i+1)+'的 mouseout 事件');
                })
                lis[i].addEventListener('mousedown',function(e){
                    console.log('标题'+(i+1)+'的 mousedown 事件');
                })
                lis[i].addEventListener('mouseup',function(e){
                    console.log('标题'+(i+1)+'的 mouseup 事件');
                })
                lis[i].addEventListener('mousemove',function(e){
                    console.log('标题'+(i+1)+'的 mousemove 事件');
                })
            }
        </script>
    </body>
</html>
```

运行结果如图 7-5 所示。

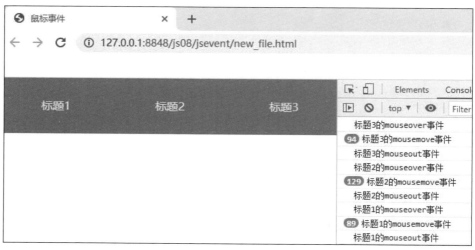

图 7-5

7.2.4　键盘事件

在 JavaScript 中，当用户操作键盘时，会触发键盘事件，键盘事件主要包括下面 3 种类型。

(1) keydown：在键盘上按下某个键时触发。如果按住某个键，会不断触发该事件，但是 Opera 浏览器不支持这种连续操作。该事件处理函数返回 false 时，会取消默认的动作(如果输入的是键盘字符，在 IE 和 Safari 浏览器下还会禁止 keypress 事件响应)。

(2) keypress：键盘按键(不包括 Shift、Fn、CapsLock、Alt 等功能键，也就是按下这些功能键，不触发此事件)按下时触发；如果按住某个键，会不断触发该事件。

(3) keyup：释放某个键盘键时触发。该事件仅在松开键盘时触发一次，不是一个持续的响应状态。

这 3 个键盘事件的使用如示例 7-11 所示。

示例 7-11：

```html
<!DOCTYPE html>
<html lang="en">

<head>
    <meta charset="UTF-8">
    <meta http-equiv="X-UA-Compatible" content="IE=edge">
    <meta name="viewport" content="width=device-width, initial-scale=1.0">
    <title>键盘事件&表单事件</title>
</head>

<body>
```

```
    <form id="register">
        <label>邮箱：<input id="user" type="email"></label>
        <input type="submit" value="提交">
        <input type="reset" value="重置">
    </form>
    <script>
        let form = document.querySelector('#register');
        let txt = document.querySelector('#user');
        txt.addEventListener('keydown',function(e){
            console.log("keydown" + e.key);
        })
        txt.addEventListener('keyup',function(e){
            console.log("keyup" +e.key);
        })
        txt.addEventListener('keypress',function(e){
            console.log("keypress" +e.key);
        })
        form.addEventListener('submit',function(e){
            alert('表单被提交了，但是我阻止跳转！');
            e.preventDefault();
        })
        form.addEventListener('reset',function(e){
            txt.innerHTML = '';
        })
    </script>
</body>
</html>
```

运行结果如图 7-6 所示，由此按下某个键一次，会依次运行 keydown、keypress、keyup；而如果长按某个键，keydown 与 keypress 会交替循环执行，直到松开按键。松开按键后，执行 keyup。

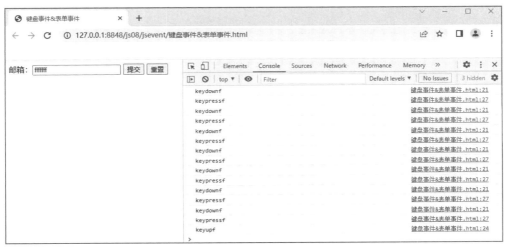

图 7-6

键盘事件的高级用法如示例 7-12 所示。

示例 7-12：

```
<html>
<head>
<meta charset="UTF-8" />
<title>模拟方向键游戏</title>
<script type="text/javascript">
    document.onkeydown = function( event ) {
        let game = document.getElementById("game");     //取得游戏层
        /*在控制台可看到 event 的值，event.path 是一个包含 4 个项目的数组：[body, html,
            document, Window]
         在这个数组中 event.path[0]为 body      */
        console.log(event) ;                //这里仅用于查看 event 的值
        let body = event.path[0] ;          //由控制台输出可看到 event.path[0]是 body
        let clientHeight = body.clientHeight;   //获取 body 的高度
        let clientWidth = body.clientWidth;     //获取 body 的宽度
        let height = game.offsetHeight ;        //游戏层的高度
        let width = game.offsetWidth ;          //游戏层的宽度
        console.log(height)
        switch (event.key) {
            case "ArrowLeft":
                if (parseInt(game.style.left) > 10) {
                    game.style.left = parseInt(game.style.left) - 10 + "px";
                }
                break;
            case "ArrowUp":
                if (parseInt(game.style.top) >10) {
                    game.style.top = parseInt(game.style.top) - 10 + "px";
                }
                break;
            case "ArrowRight":
              if (parseInt(game.style.left) < clientWidth - 10 - width) {
                    game.style.left = parseInt(game.style.left) + 10 + "px";
                }
                else{                           //超过边界时，就设置如下的值
                    game.style.left = clientWidth - 10 - width+ "px";
                }
                break;
            case "ArrowDown":
                if (parseInt(game.style.top) > 0 && parseInt(game.style.top) < clientHeight - height)
{
                    game.style.top = parseInt(game.style.top) + 10 + "px";
                }else{                          //超过边界时，就设置如下的值
                    game.style.top = clientHeight - 10 - height + "px"
                }
```

```
                        break;
                }
        }
</script>
</head>
<body>
<div id="game" style="position:absolute; left:10px; top:70px;
        width:80px; height:80px; z-index:1;background-color: lightgrey;">
        按上下左右方向键调整位置
</div>
</body>
</html>
```

通过上、下、左、右方向键，控制"按上下左右方向键调整位置"<div>标签的移动。运行结果如图 7-7 所示。

图 7-7

使用 document 的 onkeydown 事件就能实现这个功能。event.key 的各个键名通过按向下的方向键名，移动和调整<div>标签位置。

7.2.5　表单事件

表单事件指的是对 Web 表单操作时发生的事件，如提交表单前对表单的验证、表单重置时的确认操作等。在示例 7-11 中，填写有效邮箱后，可以单击"重置"按钮清空内容。运行结果如图 7-8 所示。

图 7-8

7.2.6　window 对象常用事件

window 对象常用的事件有 onscroll 事件、onresize 事件、onload 事件。其中，onscroll 事件在窗口的滚动条被拖动时触发，onresize 事件在窗口的大小发生改变时触发，onload 事件在浏览器完成对象的装载后立即触发。现实中用得比较多的是 onscroll 事件。一般的新闻门户站点中，页面上除随机漂浮的广告外，还有的广告会随着滚动页面而滚动，页面的左边和右边各一个，形成对联效果。使用 onscroll 事件可以实现这个效果，代码如示例 7-13 所示。

示例 7-13：

```
<html>
<head>
<meta charset="UTF-8" />
<title>随滚动条移动的广告对联</title>
<script type="text/javascript">
function move(){
        var ad = document.getElementById("id0");            //取得左边的广告层
        var ad1 = document.getElementById("id1");           //取得右边的广告层
        var w = document.body.scrollTop;                    //得到 body 滚动的离页面上边界的值
        var h = document.body.scrollLeft;                   //得到 body 滚动的离页面左边界的值
        ad.style.marginTop = w ;
        ad.style.marginLeft = h ;
        ad1.style.marginTop = w ;
        ad1.style.marginRight = h ;
    }
    window.onscroll = move;                                 //window 对象注册滚动事件
</script>
</head>
<body>
<div>
        <img src="back.png" >
</div>
<div id="id0" style="position:absolute; left:10px; top:70px; width:80px; height:80px; z-index:1">
        <img src="ad.png" alt="广告" />
</div>
<div id="id1" style="position:absolute; right:10px; top:70px; width:80px; height:80px; z-index:1">
        <img src="ad1.png" alt="广告" />
</div>
</body>
</html>
```

显示结果如图 7-9 所示，左右两个方块随着滚动条的滚动，一直处于固定位置不变。

文件 | D:/gql/test/task7-13.html

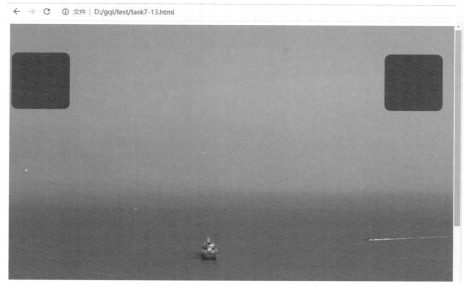

图 7-9

上机实战

上机目标

- 掌握 JavaScript 中常用事件。
- 利用表单元素事件实现表单验证。

上机练习

练习 1：利用 JavaScript 事件委托的形式实现以下列表效果：鼠标移入时字体颜色变成#27BB9A，并且添加下画线；鼠标移出时字体颜色恢复为#333333，去掉下画线。

【问题描述】

编写页面，实现菜单栏列表，同时，鼠标移入或移出菜单栏，菜单字体颜色改变，下画线出现或隐藏。

【问题分析】

(1) 用无序列表编写菜单栏列表(见图 7-10)，用 a 标签存放菜单文本。

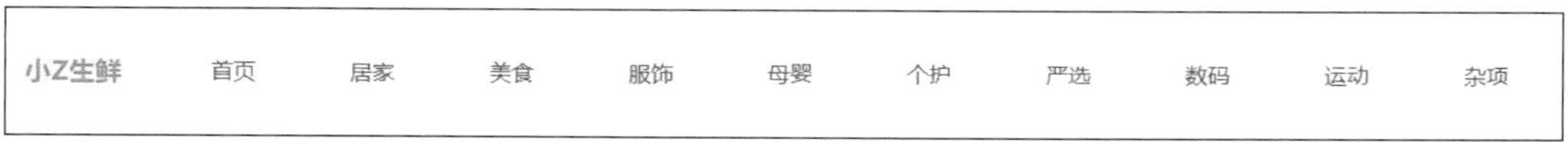

小Z生鲜
首页
居家
美食
服饰
母婴
个护
严选
数码
运动
杂项

图 7-10

(2) 用鼠标事件监听鼠标的移入移出事件，并判断触发的是否是 a 标签文本。

(3) 鼠标指针移入时，字体颜色变为#27BB9A，并添加下画线。

(4) 鼠标指针移出时，字体颜色恢复为#333333，去掉下画线。

【参考步骤】

(1) 新建一个 HTML 网页，将网页标题设为"列表切换"。

(2) 编写一个无序列表，每一列里都有一个 a 标签，存放菜单栏文本。

(3) 用鼠标事件监听鼠标对无序列表 ul 的 mouseover 和 mouseout 事件，并判断是否触发的是 a 标签文本。

(4) 监听到 mouseover 事件，并且触发的是 a 标签，就修改 a 标签的属性，字体颜色变为#27BB9A，并添加下画线。

(5) 监听到 mouseout 事件，并且触发的是 a 标签，字体颜色恢复为#333333，去掉下画线。

(6) 完整代码如示例 7-14 所示。

示例 7-14：

```html
<!DOCTYPE html>
<html lang="en">
<head>
    <meta charset="UTF-8">
    <meta http-equiv="X-UA-Compatible" content="IE=edge">
    <meta name="viewport" content="width=device-width, initial-scale=1.0">
    <title>列表切换</title>
    <style>
        * {
            margin: 0;
            padding: 0;
        }
        header {
            width: 1200px;
            height: 100px;
            margin: 0 auto;
        }
        header .logo {
            color: #27BB9A;
            float: left;
            width: 100px;
            height: 100px;
            line-height: 100px;
            font-size: larger;
            font-weight: 800;
        }
        header ul.nav {
            height: 100px;
```

```
        }
        header ul.nav li{
                float: left;
                list-style: none;
                width: 100px;
                height: 100px;
                line-height: 100px;
                text-align: center;
        }
        header ul.nav li a {
                color: #333;
                text-decoration: none;
        }
    </style>
</head>
<body>
    <header>
        <div class="logo">北部湾助农商城</div>
        <ul class="nav">
                <li><a href="javascript;">首页</a></li>
                <li><a href="javascript;">居家</a></li>
                <li><a href="javascript;">美食</a></li>
                <li><a href="javascript;">服饰</a></li>
                <li><a href="javascript;">母婴</a></li>
                <li><a href="javascript;">个护</a></li>
                <li><a href="javascript;">严选</a></li>
                <li><a href="javascript;">数码</a></li>
                <li><a href="javascript;">运动</a></li>
                <li><a href="javascript;">杂项</a></li>
        </ul>
    </header>
    <script>
        let ul = document.querySelector('.nav');
        ul.addEventListener('mouseover',function(e){
                // 判断触发的事件源是否是 a 标签文本
                if(e.target.nodeName.toLowerCase() === 'a'){
                        e.target.style.color = '#27BB9A';
                        e.target.style.textDecoration = 'underline';
                }
        })
        ul.addEventListener('mouseout',function(e){
                // 判断触发的事件源是否是 a 标签文本
                if(e.target.nodeName.toLowerCase() === 'a'){
                        e.target.style.color = '#333';
                        e.target.style.textDecoration = 'none';
                }
        })
```

```
            </script>
        </body>
    </html>
```

练习 2：实现图 7-11 中的"全选""全不选"按钮功能。

【问题描述】

编写一个网上购书页面，实现书籍的全选、全不选功能，并且全选时，所有书籍都被勾选；全不选时，所有书籍都不被勾选，如图 7-11 所示。

操作	编号	图书名称	价格
☐	1	JavaScript高级程序设计	128.80
☐	2	JavaScript从入门到精通	68.80
☐	3	高级前端开发工程师	42.60
		全选 全不选	

图 7-11

【问题分析】

(1) 本例是鼠标事件的单击事件，单击对象是"全选"按钮和"全不选"按钮。

(2) 单击"全选"按钮，把所有书籍的复选框属性设为 true。

(3) 单击"全不选"按钮，把所有书籍的复选框属性设为 false。

【参考步骤】

(1) 新建一个 HTML 网页，将网页标题设为"全选全不选"。

(2) 在网页中插入一个多行多列的 table，插入书籍的相关信息。

(3) 在 table 第一列的每一行分别插入复选框。

(4) 在 table 最后一行分别插入"全选"按钮和"全不选"按钮。

(5) 单击"全选"按钮，for 循环给所有书籍的复选框属性设为 true。

(6) 单击"全不选"按钮，for 循环给所有书籍的复选框属性设为 false。

(7) 完整代码如示例 7-15 所示。

示例 7-15：

```
<!DOCTYPE html>
<html lang="en">
<head>
    <meta charset="UTF-8">
    <meta http-equiv="X-UA-Compatible" content="IE=edge">
    <meta name="viewport" content="width=device-width, initial-scale=1.0">
    <title>全选全不选</title>
    <style>
        table {
            width: 80%;
            border: 1px solid #69c;
```

```
                border-collapse: collapse;
                margin: 10px auto;
            }

        table tr th,
        table tr td {
                border: 1px solid #69c;
                height: 30px;
                font-size: 12px;
                text-align: center;
            }
    </style>
</head>
<body>
    <table>
        <tr>
            <th>操作</th>
            <th>编号</th>
            <th>图书名称</th>
            <th>价格</th>
        </tr>
        <tr>
            <td><input type="checkbox" name="books"></td>
            <td>1</td>
            <td>JavaScript 高级程序设计</td>
            <td>128.80</td>
        </tr>
        <tr>
            <td><input type="checkbox" name="books"></td>
            <td>2</td>
            <td>JavaScript 从入门到精通</td>
            <td>68.80</td>
        </tr>
        <tr>
            <td><input type="checkbox" name="books"></td>
            <td>3</td>
            <td>高级前端开发工程师</td>
            <td>42.60</td>
        </tr>
        <tr>
            <td colspan="4">
                <input id="checkAll" type="button" value="全选">
                <input id="checkNone" type="button" value="全不选">
            </td>
        <tr>
    </table>
    <script>
```

```
        // 分别获取 "全选" 按钮、"全不选" 按钮
        let checkAll = document.querySelector('#checkAll');
        let checkNone = document.querySelector('#checkNone');
        // 获取所有复选框
        let checkBoxes = document.getElementsByName('books');
        // 全选操作
        checkAll.addEventListener('click',function(e){
            for(let i =0;i<checkBoxes.length;i++){
                checkBoxes[i].checked = true;
            }
        })
        // 全不选操作
        checkNone.addEventListener('click',function(e){
            for(let i =0;i<checkBoxes.length;i++){
                checkBoxes[i].checked = false;
            }
        })
    </script>
</body>
</html>
```

显示结果如图 7-12 所示。

操作	编号	图书名称	价格
☑	1	JavaScript高级程序设计	128.80
☑	2	JavaScript从入门到精通	68.80
☑	3	高级前端开发工程师	42.60
		全选　全不选	

图 7-12

单元自测

一、单选题

1. 下列事件中，不会发生冒泡的是(　　)。

    A. click   B. mouseout   C. blur   D. keyup

2. 下列选项中，可以为<div>的 mouseover 事件绑定多个事件处理程序的是(　　)。

    A. 行内绑定式   B. 事件监听式

    C. 动态绑定式   D. 以上都不可以

3. 阻止默认事件的方法是(　　)。

    A. event.preventDefault( )   B. event.target( )

    C. event.type( )   D. event.stopPropagation( )

二、问答题

1. 什么是事件冒泡？什么是事件委托？如何阻止事件冒泡和默认事件？
2. load 事件和 DOMContentLoaded 事件的区别是什么？

拓展作业

(1) 编写一个页面，实现鼠标指针在页面中移动时在浏览器的状态栏显示鼠标指针当前的坐标，当在页面上单击鼠标左键时弹出一个显示鼠标指针坐标值的对话框(提示：使用 window.status 设置浏览器的状态栏，给 document 对象添加 onmousemove 和 onmouseclick 事件，使用 Event 对象得到鼠标指针的坐标)。

(2) 编写一个在线测试的页面，标题是"你将是个什么样的人？"，界面如图 7-13 所示。1 个场景，4 个选择答案，2 个按钮，单击"已选好，看看结论"按钮，在文本域中给出结论，单击"重新选择"按钮，单选按钮回到初始状态(结论 1：重视美形、美感与甘美情调的唯美派。清心寡欲、不具贪婪，对家财多寡不大在意。结论 2：物欲熏心，锱铢必较的现实主义者。在生财方法上，也无长远计划，善于抢短线、谋取眼前利益。结论 3：稳健、切实，是理智的理论派。稳扎稳打、计划周详、不冒险、不躁进、不做寅吃卯粮的事。结论 4：凭直觉行动，不磋商、好一意孤行。对金钱欲望存焉，但不思努力，只做一掷千金的大梦。摘自美萍在线心理测试)。

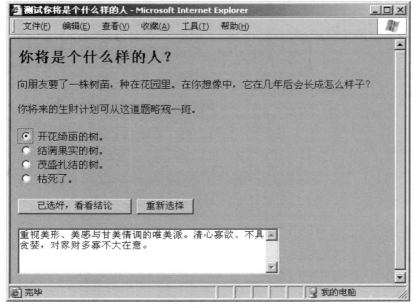

图 7-13

(3) 编写一个网页，模拟新浪网的星座界面，页面上有一个下拉列表框，加入 12 个星座，当任意选择某个星座时，下面的图片会随之变化，同时，右边将显示对该星座的详解，如图 7-14 所示。(教师提供素材)

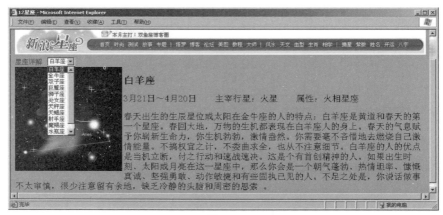

图 7-14

完成工单

PJ07 完成北部湾助农商城滚动条的滚动事件

某公司拟开发一套购物商城项目，该系统包括登录、商品管理、商品详情、购物车、订单等模块。

开发此系统共涉及两大部分：

(1) 网站静态页面的实现。

(2) 使用 JavaScript 实现网站交互效果。

本次项目重点讨论如何使用 JavaScript 实现网站交互效果。

PJ07 任务目标

- 搭建商城导航栏的布局。
- 完成商城滚动条判断。
- 滚动条滚动时，菜单栏和快捷操作栏间实现切换。

PJ0701 完成商城滚动条滚动高度的判断

【任务描述】

在网页中使用 JavaScript 代码，动态地获取并存储滚动条的滚动高度，根据滚动高度输出切换状态。

【任务分析】

(1) 动态获取滚动条的滚动高度，需用到 window.onscroll 事件方法。

(2) 用 if-else 语句进行条件判断，满足条件就切换状态，默认小于 80 像素为 false。

【参考步骤】

(1) 在 window.onscroll 事件中，获取并存储滚动条的滚动高度。

(2) 用 if-else 语句进行条件判断，大于 80 像素时，存储切换状态为 true，否则为 false，并输出切换状态。如示例 7-16 所示。

示例 7-16：

```
<script type="text/javascript">
//监听页面滚动
let scrollStatus = false;
window.onscroll = function () {
let scrollTop = 0;
        if (document.documentElement && document.documentElement.scrollTop) {
            scrollTop = document.documentElement.scrollTop;
        } else if (document.body) {
            scrollTop = document.body.scrollTop;
        }
        if (scrollTop > 80) {
            if (!scrollStatus) {
                scrollStatus = true;
            }
        } else {
            if (scrollStatus) {
                scrollStatus = false;
            }
        }
    }
console.log(scrollStatus)
</script>
```

(3) 按快捷键 F12，在谷歌浏览器中查看 index.html 页面，结果如图 7-15 所示。

图 7-15

PJ0702 完成商城滚动条滚动时，菜单栏和快捷操作栏的切换

【任务描述】

滚动条向下滚动高度大于80像素时，红色背景的快捷操作栏隐藏，菜单栏固定在窗口顶部；滚动条向下滚动高度小于等于80像素时，红色背景的快捷操作栏显示，菜单栏恢复正常位置。

【任务分析】

(1) 写一个固定定位的菜单栏。

(2) 滚动高度大于80像素时，菜单栏移除隐藏类，否则，添加隐藏类。

(3) 滚动高度大于80像素时，快捷操作栏添加隐藏类，否则，移除隐藏类。

(4) 写一个延时器防止抖动。

【参考步骤】

(1) 写一个固定定位的菜单栏。

(2) 操作DOM获取快捷操作栏和菜单栏所在元素。

(3) 在if-else语句中，状态切换为true，则菜单栏移除隐藏类，快捷操作栏添加隐藏类；状态切换为false，则菜单栏增加隐藏类，快捷操作栏移除隐藏类。

(4) 写一个延时器防止抖动，代码如示例7-17所示。

示例7-17：

```
<script>
    //监听页面滚动
let header = document.querySelector('.header');
let fixedNavBox = document.querySelector('.fixedNavBox');
let scrollStatus = false;
let timeOut = null;
window.onscroll = function () {
let scrollTop = 0;

    // 防止窗口抖动
if (timeOut) {
        clearTimeout(timeOut);
    }
    timeOut = setTimeout(function () {
        if (document.documentElement && document.documentElement.scrollTop) {
            scrollTop = document.documentElement.scrollTop;
        } else if (document.body) {
            scrollTop = document.body.scrollTop;
        }
        if (scrollTop > 80) {
            if (!scrollStatus) {
```

```
                    header.classList.add('hide');
                    fixedNavBox.classList.remove('hide');
                    scrollStatus = true;
                }
            } else {
                if (scrollStatus) {
                    header.classList.remove('hide');
                    fixedNavBox.classList.add('hide');
                    scrollStatus = false;
                }
            }
        }
    }, 200);
</script>
```

（5）在谷歌浏览器中浏览 index.html，运行结果如图 7-16 所示。

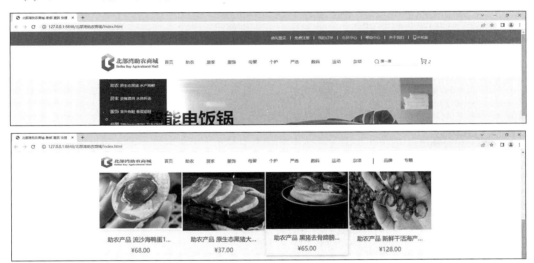

图 7-16

PJ07 评分表

序号	考核模块	配分	评分标准
1	PJ0701：完成商城滚动条滚动高度的判断	50	1. 正确搭建菜单栏和操作栏的布局，显示正常(15) 2. 正确使用 window.onscroll 事件(10 分) 3. 正确获取页面滚动高度(10 分) 4. 正确使用 if-else 语句(15)
2	PJ0702：完成商城滚动条滚动时，菜单栏和快捷操作栏的切换	40	1. 正确使用 if-else 语句(10) 2. 菜单栏随着页面滚动且在正确位置显示(10 分) 3. 快捷操作栏随着页面滚动且正确显示和隐藏(10 分) 4. 正确使用延时器，防止窗口抖动(10)
3	编码规范	10	文件名、标签名、退格等符合编码规范(10 分)

┌─────────────┐
│ 单元小结 │
└─────────────┘

- 通过事件可以实现用户和页面进行交互。

- 注册 JavaScript 事件通常有两种方法：绑定到页面元素属性和绑定到对象属性。

- 表单元素的常用事件。

- JavaScript 的主要功能之一是用于表单数据验证。

工单评价表

任务名称	PJ07.完成北部湾助农商城滚动条的滚动事件				
工号		姓名		日期	
设备配置		实训室		成绩	
实训任务	1. 完成商城滚动条滚动高度的判断。 2. 完成商城滚动条滚动时，菜单栏和快捷操作栏的切换。				
任务目的	1. 搭建商城导航栏的布局。 2. 完成商城滚动条判断。 3. 完成滚动条滚动时，菜单栏和快捷操作栏的切换。				

任务编号	开始时间	完成时间	工作日志	完成情况
PJ0701				
PJ0702				

1. 请根据自己任务完成的情况，对自己的工作进行自我评估，并提出改进意见。

   技术方面：

   素养方面：

2. 教师对学生工作情况进行评估，并进行点评摘要：

3. 学习小结：

4. 学生本次任务成绩：

项目

八

商城登录的实现

项目简介

❖ 本项目主要完成北部湾助农商城的登录验证。

❖ 了解正则表达式的基本语法和使用方法。

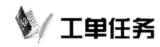

工单任务

任务编号/名称	PJ08.使用正则表达式实现项目的登录验证				
工号		姓名		日期	
设备配置		实训室		成绩	
工单任务	1. 完成登录界面的页面设计。 2. 使用正则表达式实现登录验证。				
任务目标	实现登录验证功能。				

一、知识链接

1. 技术目标

① 熟悉和理解正则表达式的语法和用法。

② 练习正则表达式的编写和使用。

③ 随着业务的发展，能优化和改进正则表达式。

④ 了解和掌握 click 事件。

2. 素养目标

① 培养学生遵循编码规范的良好习惯。

② 提高学生 UI 设计的能力。

③ 培养学生系统分析和业务分析能力。

④ 参考其他公司的案例，完成系统用户登录验证，并把正则表达式应用于表单的有效性验证。培养学生勇于创新、敢于突破自我的奋斗精神。

⑤ 激发学生对新技术学习和探索的热情，引领学生把所学知识应用于实际业务环境中，鼓励学生个人或团队结合专业，设计更有前瞻性和向后兼容的软件。

二、决策与计划

任务：正则表达式实现项目的登录验证。

【任务描述】

用户名由 3~9 位数字或字母组成，密码由 6 位数字或字母组成。

【任务分析】

① 设计 UI 界面。

② 在网页中嵌入<script>标签或外链接 JavaScript 的方式实现。

③ 使用正则表达式，分别完成 3～9 位用户名、6 位密码的有效性验证。

【任务完成示例】

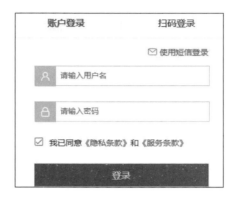

1. 实训软件工具

HBuilderX 2.6 版本或以上、VSCode 1.5 版本或以上。

2. 小组成员分工

个人完成。

三、实施

1. 任务内容及要求

任务编号	内容	要求
PJ0801	正则表达式实现项目的登录验证	1. 正确创建页面，页面名称无误。 2. 使用 input 标签。 3. 正确的正则表达式。 4. click 事件的编写。

2. 实施注意事项

① 编辑器按要求使用 HBuilderX 或 VSCode。

② 功能实现完整，并且调试无误。

③ 按编码规范进行编码。

工作手册

　　项目四中介绍了 JavaScript 常用内置对象，如字符串对象、math 对象、date 对象和数组对象，通过使用字符串对象的方法实现表单数据的验证。实际上，使用字符串对象只能解决一些比较具体的字符串处理问题，如果遇到模糊查询处理的问题或对于较复杂的验证工作，使用字符串对象的方法就显得力不从心。幸好，JavaScript 加入了对正则表达式的支持，使问题变得简单，并且正则表达式在处理这类问题时"威力巨大"。本项目将详细介绍正则表达式的用法。

8.1　正则表达式

　　正则表达式(regular expression)，是指符合某种规则的表达式。这个概念听上去很陌生，其实，我们都曾或多或少地使用过。例如，要显示 Windows 10 系统中 D 目录下面的所有可执行文件的名字，可以在控制台使用命令 dir *.xlsx，显示结果如图 8-1 所示。图 8-1 中的通配符"*"表示.xlsx 结尾的所有文件。

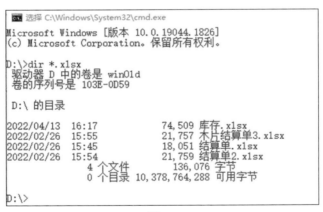

图 8-1

　　在 SQL Base 中，在学生表中查找所有"王姓"学生的信息，使用 SQL 脚本"select * from student where name like '王%'"就可以完成。在很多时候，需要使用模糊查询，希望从局部信息中检索出详细信息，这时就需要使用正则表达式。

　　假设用户注册时，用户名只能是以数字、字母和下画线组成字符串的方法进行验证。有没有相对简单的方法来实现该功能？现有其他问题，在表单中，需要验证用户输入的年份和月份，该如何实现？使用前面学过的知识，完成这个要求，代码片段如示例 8-1 所示。

示例 8-1：

```
<!DOCTYPE html>
<html lang="en">

<head>
    <meta charset="UTF-8">
    <meta http-equiv="X-UA-Compatible" content="IE=edge">
    <meta name="viewport" content="width=device-width, initial-scale=1.0">
    <title>验证年份月份</title>
    <style>
        .tips {
            color: red;
        }
    </style>
</head>

<body>
    <form action="">
        <label for="year">年份</label>
        <input type="text" name="year" id="year">
        <label for="month">月份</label>
        <input type="text" name="month" id="month">
    </form>
    <br>
    <span class="tips" id="yearTips"></span>
    <span class="tips" id="monthTips"></span>
    <script>

        let yearInput = document.querySelector('#year');
        let monthInput = document.querySelector('#month');

        yearInput.addEventListener('blur', function (e) {
            let val = this.value;
            let numbers ="0123456789";

            let yearMsg = '年份输入有误，请输入 4 位数字 d;';

            yearTips.innerHTML = ';

            if (val.length != 4) {
                yearTips.innerHTML = yearMsg ;
            } else {

                for ( let c of val ) {
                    if ( numbers.indexOf(c) < 0) {
```

```
                            yearTips.innerHTML = yearMsg;
                            break;
                    }
                }
            }
        })

        monthInput.addEventListener('blur', function (e) {
            let val = this.value;
            let numbers = ["01", "02", "03", "04", "05", "06", "07", "08", "09", "10", "11", "12", "1", "2",
                    "3", "4", "5", "6", "7", "8", "9" ];
            let monthTips = document.querySelector('#monthTips');
            if (numbers.indexOf( val)<0 ) {
                monthTips.innerHTML = "月份输入有误，请重新输入.";
            }
        })
    </script>
</body>
</html>
```

以上虽是较简单的案例，但也写了很多代码，如果用正则表达式，会更快捷地完成上述要求，如示例 8-2 所示。

示例 8-2：

```
<head>
    <meta charset="UTF-8">
    <meta http-equiv="X-UA-Compatible" content="IE=edge">
    <meta name="viewport" content="width=device-width, initial-scale=1.0">
    <title>验证年份月份</title>
    <style>
        .tips {
            color: red;
        }
    </style>
</head>

<body>
    <form action="">
        <label for="year">年份</label>
        <input type="text" name="year" id="year">
        <label for="month">月份</label>
        <input type="text" name="month" id="month">
    </form>
    <br>
    <span class="tips" id="yearTips"></span>
```

```
        <span class="tips" id="monthTips"></span>
        <script>

            let yearInput = document.querySelector('#year');
            let monthInput = document.querySelector('#month');

            yearInput.addEventListener('blur', function (e) {
                let val = this.value;
                let reg = /^[1-9]{1}[0-9]{3}$/;
                let yearTips = document.querySelector('#yearTips');
                if (val!='' && !reg.test(val)) {
                    yearTips.innerHTML = '年份输入有误，请输入 4 位数字;';
                } else {
                    yearTips.innerHTML = '';
                }
            })

            monthInput.addEventListener('blur',function(e){
                let val = this.value;
                let reg = /^((0?[1-9])|(1[012]))$/;
                let monthTips = document.querySelector('#monthTips');
                if(val!='' && !reg.test(val)){
                    monthTips.innerHTML = '月份输入有误，请重新输入.';
                }else{
                    monthTips.innerHTML = '';
                }
            })
        </script>
</body>
</html>
```

从上面的例子可以看出，使用正则表达式来匹配某个字符串，确实简单快捷。

8.2　正则表达式的使用

在 JavaScript 中使用正则表达式，需要创建正则表达式对象(RegExp)通过 RegExp 对象来支持正则表达式，可以使用下面两种方法。

(1) 普通方式声明一个正则表达式。例如，var reg = /pattern/[flags]就使用了这种方法。

(2) 使用内置正则表达式对象(构造函数方式)：var reg = new RegExp("pattern", ["flags"])。其中的模式(pattern)部分可以是任何简单或复杂的正则表达式，包含字符类、限定符、分组、向前查找及反向引用。每个正则表达式都可带有一个或多个标志(flag)，用以标明正则表达式的行为。

正则表达式的匹配模式支持下列 3 个标志。

(1) g：表示全局(global)模式，即模式将被应用于所有字符串，而非在发现第一个匹配项时立即停止。

(2) i：表示不区分大小写(case-insensitive)模式，即在确定匹配项时忽略模式与字符串的大小写。

(3) m：表示多行(multiline)模式，即在到达一行文本末尾时还会继续查找下一行中是否存在与模式匹配的项。

因此，一个正则表达式就是一个模式与上述 3 个标志的组合体。不同组合产生不同结果，如下面的例子所示。

```
var pattern= /at/g;        //匹配字符串中所有 at 的实例
```

与其他语言中的正则表达式类似，模式中使用的所有元字符都必须转义。正则表达式中的元字符包括([{ \ ^ $ | } ? * + .])。

如下面的例子，定义一个字符串，包含一个加号(+)，如果想匹配到加号，并替换成文字"加"，则可按示例 8-3 所示的代码操作。

示例 8-3：

```
<!DOCTYPE html>
<html>
<head>
    <meta charset="UTF-8">
    <title>替换</title>

    <script>
        window.onload = function ( ) {              //设置自动运行

            let str = "a+b+c+d";                     //定义字符串
            document.write( str + "<br>" );          //输出原字符串内容
            let pa1 = /+/g;                          //全局查找+号
            let result = str.replace(pa1, '加');     //用文字替换+号
            document.write( result )

        }
    </script>

</head>

<body>
</body>
</html>
```

结果如图 8-2 所示。

图 8-2

从图 8-2 中可以看到提示了一个错误，当给"+"转义后，如示例 8-4 所示。

示例 8-4：

```
<script>
        window.onload = function ( ) {                    //设置自动运行
            let str = "a+b+c+d";                          //定义字符串
            document.write( str + "<br>" );              //输出原字符串内容
            let pa1 = / \+/g ;                           //全局查找"+"号
            let result = str.replace(pa1, '加') ;         //用文字替换"+"号
            document.write( result ) ;
        }
    </script>
```

结果如图 8-3 所示。

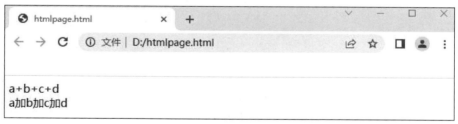

图 8-3

从图 8-3 中可以看出"+"已被替换成了"加"。正则表达式中的转义方法只在需要转的单个表达式前面加上"\"就可以了。例如，前面定义的 pa1 表达式为/+/。那么想获取这个"+"，则需要在"+"前面加上"\"，即该正则表达式为/ \+/。

在 JavaScript 中的正则表达式 RegExp 对象提供了以下 3 个方法。

(1) compile( )方法。将正则表达式编译为内部格式，从而更快地执行。compile( )方法提供了两个参数，一个是正则表达式，一个是规定匹配的类型。如示例 8-5 所示，在字符串中全局搜索"hell"，并用"你好"替换。然后通过 compile( )方法改变正则表达式，用"你

好"替换"hello"。

示例 8-5：

```
var str="hello world！hello，程序员！";        //定义一个字符串
patt=/hell/g;                              //全局搜索 hell
str2=str.replace(patt,"你好")；             //将 hell 替换成你好
document.write(str2+"<br />")；
patt=/hello/g;                            //全局搜索 hello
patt.compile(patt)；                       //使用 compile( )方法编译
str2=str.replace(patt,"你好")；             //将 hell 替换成你好
document.write(str2)；
```

结果如图 8-4 所示。

图 8-4

compile( )方法使用得比较少，其用法简单理解就是使用新的正则表达式去替换旧的正则表达式。由于 compile( )方法本身会将正则表达式编译成内部格式，所以对于比较复杂和耗时的处理过程，使用该方法显然会带来性能上的提升。

(2) exec( )方法。用于检索字符串中的正则表达式的匹配。如果字符串中有匹配的值，返回该匹配值，否则返回 null。它是 RegExp 对象的主要方法，该方法是专门为捕获组而设计的。exec( )方法接受一个参数，即要应用模式的字符串，然后返回包含第一个匹配项信息的数组；或者在没有匹配项的情况下返回 null，如示例 8-6 所示。

示例 8-6：

```
var str="Hello world!";
var patt=/Hello/g;                        //查找 Hello
var result=patt.exec(str)；
document.write("返回值: " + result)；
patt=/RUNOOB/g;                           //查找 RUNOOB
result=patt.exec(str)；
```

结果如图 8-5 所示。

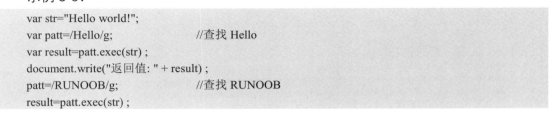

图 8-5

(3) test( )方法。用于检测一个字符串是否匹配某个模式。它接受一个字符串参数。在模式与该参数匹配的情况下返回 true；否则返回 false，代码如示例 8-7 所示。

示例 8-7：

```
var str = "hello world";
var patt1 = /12/;
var result = patt1.test(str) ;
document.write("Result，检测是否有 12：　" + result+'<br>') ;
var patt2 = /hello/;
var result2 = patt2.test(str) ;
document.write("Result2，检测是否有 hello：　" + result2) ;
```

结果如图 8-6 所示。

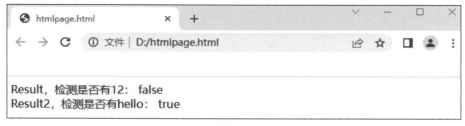

图 8-6

在只想知道目标字符串与某个模式是否匹配，但不需要知道其文本内容的情况下，使用 test( )方法非常方便，常用在 if 语句中。

8.3　使用正则的表单数据验证

常常使用正则来做表单数据的验证，例如，上面提到的电话号码的格式验证、用户名中包含的字符验证和电子邮件的格式验证等。

8.3.1　中文字符的验证

由于编码原因，很多时候使用中文都容易导致一些奇怪的问题，因此很有必要做适当的检查。使用正则表达式可以很轻松地检查用户的输入是否含有中文，如示例 8-8 所示。

示例 8-8：

```
<html>
<head>
<meta http-equiv="Content-Type" content="text/html; charset=gb2312" />
```

```
<title>检查中文</title>

<script type="text/javascript">
    function checkCN( )
    {
    var name = document.myform.inputText.value;
    var re = /[\u4e00-\u9fa5]/;                    //判断中文的正则模式
    if (re.test(name))
      {
            alert("字符串中含有中文") ;
      }
    }
</script>

</head>
<body>
<form name="myform" >
<input type="text" name="inputText">
<input type="button" value="检查中文" onClick="checkCN( )">
</form>
</body>
</html>
```

运行结果如图 8-7 所示。

图 8-7

8.3.2　电子邮件的验证

前面项目中，学习了电子邮件的验证，用户的表单中包含电子邮件，电子邮件的格式中要包含"@"符号，严格意义上讲，还需要包含"."，并且最后一个"."符号的位置在"@"符号的后面。想一想，如果要做这个验证，使用字符串的方法是不是很麻烦？如示例 8-9 所示的代码片段使用了正则表达式来验证电子邮件。

示例 8-9：

```
<script type= "text/javascript ">
function checkEmail(email)
{
        //验证电子邮件的正则模式
```

```
var reg = /^[0-9a-zA-Z]+@[0-9a-zA-Z]+[\.]{1}[0-9a-zA-Z]+[\.]?[0-9a-zA-Z]+$/;
return reg.test(email) ;
}
</script>
```

8.3.3　表单数据的其他验证

从上面例子可以看出，使用正则表达式让表单的验证变得简单和简洁。正则模式的设计比较复杂，使用起来比较简单。在 JavaScript 中，记住正则符号的含义，就能按照要求设计出正则模式。其实，对于表单数据的验证，只需要记住一些常用的正则模式就可以了。表 8-1 列出了常用的正则模式。

表 8-1　常用的正则模式

正则模式	含义
/^[0-9]*$/	只能输入数字
/ ^\d{n}$/	只能输入 n 位数字
/ ^(0|[1-9][0-9]*)$ /	只能输入零和非零开头的数字
/ ^[A-Za-z]+$ /	只能输入由 26 个英文字母组成的字符串
/^\d{10}[01]\d{6}[\d|X]$/i	验证身份证号(15 位或 18 位数字，18 位时最后 1 位可能是 X 或 x)
/ ^(0?[1-9]|1[0-2])$ /	验证一年的 12 个月
\W	匹配任意不是字母、数字、下画线、汉字的字符
\S	匹配任意不是空白符的字符
\D	匹配任意非数字的字符
\B	匹配不是单词开头或结束的位置
\w	匹配字母、数字或下画线
\s	匹配任意的空白符
\b	匹配单词的开始或结束
\d	匹配数字
^	匹配字符串的开始(^符号不在方括号内)
[^xyz]	不匹配这个集合中的任何一个字符(^符号在方括号内)
$	匹配字符串的结束
.	匹配任意字符
+	匹配前面元字符 1 次或多次
*	匹配前面元字符 0 次或多次

(续表)

正则模式	含义
?	匹配前面元字符 0 次或 1 次
{n}	精确匹配 n 次
{n,}	匹配 n 次以上
{n,m}	匹配 n–m 次
x|y	匹配 x 或 y
[xyz]	匹配这个集合中的任意一个字符(或元字符)

常用的正则验证的表达式方法如下。

1. 用户名正则

```
//用户名正则，4～16 位(字母、数字、下画线、减号)
var uPattern = /^[a-zA-Z0-9_-]{4,16}$/;
```

2. 密码强度正则

```
//密码强度正则，最少 6 位，包括至少 1 个大写字母、1 个小写字母、1 个数字、1 个特殊字符
var pPattern = /^.*(?=.{6,})(?=.*\d)(?=.*[A-Z])(?=.*[a-z])(?=.*[!@#$%^&*? ]).*$/;
```

3. 整数正则

```
//正整数正则
var posPattern = /^\d+$/;
//负整数正则
var negPattern = /^-\d+$/;
//整数正则
var intPattern = /^-?\d+$/;
```

4. 数字正则(可以是整数也可以是浮点数)

```
//正数正则
var posPattern = /^\d*\.?\d+$/;
//负数正则
var negPattern = /^-\d*\.?\d+$/;
//数字正则
var numPattern = /^-?\d*\.?\d+$/;
```

5. 手机号码正则

手机号码共 11 位，且以 13、14、15、17、18、19 开头。

```
var mPattern =
/^(13[0-9]{9})|(14[0-9]{9})|(15[0-9]{9})|(17[0-9]{9})|(18[0-9]{9})|(19[0-9]{9})$/;
```

6. 身份证号正则

```
//身份证号(18 位)正则
var cPattern = /^\d{10}[01]\d{6}[\d|X]$/i;
```

7. QQ 号码正则

```
//QQ 号正则, 5~11 位
var qqPattern = /^[1-9][0-9]{4,10}$/;
```

8. 微信号正则

```
//微信号正则, 6~20 位, 以字母开头, 包括字母、数字、减号、下画线
var wxPattern = /^[a-zA-Z]([-_a-zA-Z0-9]{5,19})+$/;
```

9. 车牌号正则

```
//车牌号正则
var cPattern = /^[京、津、沪、渝、冀、豫、云、辽、黑、湘、皖、鲁、新、苏、浙、赣、鄂、桂、
甘、晋、蒙、陕、吉、闽、贵、粤、青、藏、川、宁、琼、使、领 A-Z]{1}[A-Z]{1}[A-Z0-9]{4}[A-Z0-9
挂学警港澳]{1}$/;
```

10. 包含中文正则

```
//包含中文正则
var cnPattern = /[\u4E00-\u9FA5]/
```

下面利用正则做一个完整的表单验证, 当单击"注册"按钮时, 验证用户是否按照我们的需求填写, 若不是, 则给出错误提示; 若填写成功, 则给出成功提示。当用户信息填写完成后, 在所有验证通过后, 单击"注册"按钮, 弹出验证成功提示。代码如示例 8-10 所示。

示例 8-10:

```html
<html>
<!DOCTYPE html>
<html lang="en">
<head>
    <meta charset="UTF-8">
    <meta http-equiv="X-UA-Compatible" content="IE=edge">
    <meta name="viewport" content="width=device-width, initial-scale=1.0">
    <title>表单验证</title>
    <style>
        * {
            margin: 0;
            padding: 0;
        }

        form {
```

```
            width: 800px;
            margin: 50px auto;
        }

        .line {
            height: 50px;
            line-height: 50px;
            margin-bottom: 10px;
        }

        label {
            display: inline-block;
            width: 100px;
            text-align: right;
        }

        .tips {
            color: #FF0000;
        }

        .btn {
            width: 300px;
            height: 50px;
            line-height: 50px;
            background-color: #69B946;
            color: #fff;
            font-size: larger;
            border: none;
            border-radius: 5px;
        }
    </style>
</head>
<body>
    <form action="">
        <div class="line">
            <label for="nickName">昵称</label>
            <input type="text" id="nickName" name="nickName">
            <span class="tips" id="nickTips"></span>
        </div>
        <div class="line">
            <label for="password">密码</label>
            <input type="password" id="password" name="password">
            <span class="tips"></span>
        </div>
        <div class="line">
            <label for="confirmPwd">确认密码</label>
            <input type="password" id="confirmPwd" name="confirmPwd">
```

```
                    <span class="tips"></span>
                </div>
                <div class="line">
                    <label for="sex">性别</label>
                    <input type="radio" name="sex" value="male" checked="checked" />
                    <span class="blue-font">男</span>
                    <input type="radio" name="sex" value="female" />
                    <span class="blue-font">女</span>
                </div>
                <div class="line">
                    <label for="card">身份证号</label>
                    <input type="text" id="card" name="card">
                    <span class="tips" id="cardTips"></span>
                </div>
                <div class="line">
                    <label for="phone">手机号码</label>
                    <input type="text" id="phone" name="phone">
                    <span class="tips" id="phoneTips"></span>
                </div>
                <input type="button" value="立即注册" class="btn" id="btnSubmit">
        </form>
        <script>
            let nickNameInput = document.querySelector('#nickName') ;
            let cardInput = document.querySelector('#card') ;
            let phoneInput = document.querySelector('#phone') ;
            let form = document.querySelector('form') ;
            let btnSubmit = document.querySelector('#btnSubmit') ;
            nickNameInput.addEventListener('blur',checkNick) ;
            cardInput.addEventListener('blur',checkMycard) ;
            phoneInput.addEventListener('blur',checkPhoneNum) ;
            btnSubmit.addEventListener('click',function(e){
                if(checkNick( )&&checkMycard( )&&checkPhoneNum( )){
                    alert("通过验证") ;  //此行为了表明验证通过，生产环境可注释这行
                    form.submit( ) ;
                }
                return false ;
            })
            /*验证昵称的方法*/
            function checkNick( ) {
                let nickName = nickNameInput.value;
                let nickTips = document.querySelector('#nickTips') ;
                nickTips.innerHTML = '';
                let regNick = /^[\u4e00-\u9fa5\w]+$/;              //+表示至少匹配一次，相当于 {1, }
                if (regNick.test(nickName) == false) {
                    nickTips.innerHTML = "登录名只能是中文字符、英文字母、数字及下画线";
                    return false;
                }
```

```
            return true;
        }
        /*验证身份证号码*/
        function checkMycard( ) {
            let myCard = cardInput.value;
            let cardTips = document.querySelector('#cardTips') ;
            cardTips.innerHTML = '';
            let regCard =/^\d{10}[01]\d{6}[\d|X]$/i;
            if (regCard.test(myCard) == false) {
                cardTips.innerHTML = "身份证号码只能由 18 位数字或者字母 X 组成";
                return false;
            }
            return true;
        }
        /*验证手机号码*/
        function checkPhoneNum( ) {
            let phone = phoneInput.value;
            let phoneTips = document.querySelector('#phoneTips') ;
            phoneTips.innerHTML = '';
            var regPhoneNum = /^\d{11}$/;
            if (regPhoneNum.test(phone) == false) {
                phoneTips.innerHTML = "手机号码只能由 11 位的数字组成";
                return false;
            }
            return true;
        }
    </script>
</body>
</html>
```

结果如图 8-8 所示。

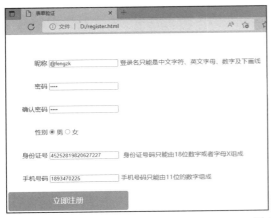
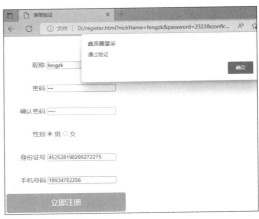

图 8-8

8.4 字符串对象的方法对正则的支持

在 Java 中想要去掉字符串中的前后空格，可以使用 String 对象的 trim( )方法，JavaScript 也提供此方法，我们也可以利用正则表达式来轻松实现这个功能。代码片段如示例 8-11 所示。

示例 8-11：

```html
<!DOCTYPE html>
<html>
<head>
    <meta charset="UTF-8">
    <title>前后空格</title>
    <script>
        function trim( ) {
            var name = document.getElementById("inputText").value;
            var re = /^\s+|\s+$/g;    // \s 表示匹配任何空白字符
            //^和$分别确定行首和行尾，中间用|、/g 参数实现全文匹配
            document.getElementById("inputText").value = name.replace(re, "") ;
        }
    </script>
</head>
<body>
        <div style="width:310px;margin-top:20px; margin-left:10px;" >
            <input type="text" id="inputText" width="180">
            <input type="button" value="去掉前后空格" onClick="trim( )" style="width:90px;">
        </div>
</body>
</html>
```

运行结果如图 8-9 所示。

图 8-9

在这个例子中，使用 replace( )方法进行空格字符的替换操作，把正则作为一个参数给 replace( )方法，凡是匹配正则定义的行首和行尾的任意一个空白字符都会被替换成" "。大家可以设想一下，假如用普通的方式处理，由于空格字符具体的数量无法确定，同时位置也没有办法确定，这个功能的实现将会非常复杂。如果合理地利用正则，这个问题就变得

异常简单。

在 JavaScript 中，并不是每个字符串的方法都支持正则，如常用的 indexOf( )方法。支持正则的方法有下面 4 个，用法代码片段如示例 8-12 所示。

(1) exec( )方法用于检索字符串中的正则表达式的匹配。该方法返回一个数组，其中存放匹配的结果。如果未找到匹配，则返回值为 null。

(2) test( )方法接受一个字符串参数，在模式与该参数匹配的情况下返回 true，否则返回 false。

(3) match( )方法接受一个正则表达式作为参数。当正则表达式不具有全局属性 g 时，该方法与 RegExp 的 exec( )方法执行结果一样；当正则表达式有全局标志 g 时，返回一个包含所有匹配项的纯数组。如果未找到匹配，则返回值为 null。

(4) replace( )方法返回根据正则表达式进行文字替换的字符串。

示例 8-12：

```
<!DOCTYPE html>
<html lang="en">
<head>
    <meta charset="UTF-8">
    <meta http-equiv="X-UA-Compatible" content="IE=edge">
    <meta name="viewport" content="width=device-width, initial-scale=1.0">
    <title>RegExp 对象的方法</title>
</head>
<body>
    <script>
        // 1.exec( )方法
        let str1 = "Hello world!";
        // 查找"Hello"
        let reg1 = /Hello/g;
        // 查找"ello"
        let reg2 = /ello/;
        let result1 = reg1.exec( str1 );    //结果['Hello', index: 0, input: 'Hello world!', groups: undefined]
        let result2 = reg2.exec( str1 );    //结果 ['ello', index: 1, input: 'Hello world!', groups: undefined]
        console.log( result1 );
        console.log( result2 );
        ////reg1.exec(str)的结果['Hello', index: 0, input: 'Hello world!', groups: undefined]
        ////返回结果说明
        //// 'Hello'   (这个是第一项)表示与整个模式匹配的字符串
        //// index     匹配出第一个位置(如果有多个相同值，值匹配出第一个)
        //// input     表示应用正则表达式的字符串
        //// group     捕获组的名称
        console.log("------------------------") ;
```

```
            // 2.test( )方法
            let str2 = "Hello world!";
            let reg3 = /javascript/;
            let reg4 = /Hello/;
            let result3 = reg3.test( str2 );
            let result4 = reg4.test( str2 );
            console.log( result3 );
            console.log( result4 );
            console.log("-------------------------");
            // 3.match( )方法
            let str3 = "Hello world!";
            let reg5 = /hello/;
            let reg6 = /world/;
            let result5 = str3.match( reg5 );
            let result6 = str3.match( reg6 );
            console.log( result5 );          //结果 null
            console.log( result6 );          //结果 ['world', index: 6, input: 'Hello world!', groups: undefined]
            let text = "11vat1 ,2bat, sat, ffat ,fsd";
            let pattern = /.at/g;            //有全局标志 g 时，返回一个包含所有匹配项的纯数组
            let matches = text.match(pattern);
            console.log(matches);            //结果["vat", "bat", "sat", "fat"]
            console.log("-------------------------");
            //4. replace()方法
            let str4 = " Hello world! ";
            let reg7 = /[l]/g;               //字母 l
            let result7 = str4.replace(reg7, "L");
            console.log(result7);            //结果" HeLLo worLd! "
            let reg8 = /^\s+|\s+$/g;         // \s 表示匹配任何空白字符，"^"和"$"分别确定行首和行尾，
                                            //中间用"|"、"/g"参数实现全文匹配
            let result8 = str4.replace(reg8, "");
            console.log(result8);            //结果 Hello world!
        </script>
    </body>
</html>
```

其中match( )方法是最常用的String正则表达式。它的唯一参数就是一个正则表达式(或通过 RegExp( )构造函数将其转换为正则表达式)，返回的是一个由匹配结果组成的数组。如果该正则表达式设置的修饰符为g，则该方法返回的数组包含字符串中的所有匹配结果；如果未找到匹配，则返回值为null。

例如：

```
'aa bc'.match(/aa/g)      //返回结果["aa"]
'aa bc'.match(/ac/g)      //返回结果 null
```

上机实战

上机目标

- 掌握常用字符串函数的使用。
- 掌握常见的正则表达式模式的写法。
- 掌握正则表达式在 JavaScript 中的应用。

上机练习

练习 1：请利用正则表达式查找 4 个连续的数字或字母。

【问题描述】

查找连续的 4 个字母，或者连续的 4 个数字。

【问题分析】

本练习主要巩固理论课讲到的常用正则模式，并在控制台输出。

(1) 连续的 4 个数字。

(2) 连续的 4 个字母。

【参考步骤】

(1) 新建注册页面。

(2) 编写程序，把结果输出到控制台，如示例 8-13 所示。

示例 8-13：

```
<!DOCTYPE html>
<html lang="en">

<head>
    <meta charset="UTF-8">
    <meta http-equiv="X-UA-Compatible" content="IE=edge">
    <meta name="viewport" content="width=device-width, initial-scale=1.0">
    <title>查找连续的 4 个数字或字符</title>
</head>

<body>
    <script>
        // 定义正则
        let reg = /[0-9]{4}|[a-z]{4}/gi;
        // 测试
        console.log( '12abcd3456'.match(reg) );     //['abcd', '3456']
    </script>
```

```
</body>
</html>
```

练习2：请利用正则表达式实现二代身份证号码的验证(18 位数字，最后一位除了数字还有可能是 X)。

【问题描述】

判断内容，是否是第二代身份证(18 位数字，最后一位除了数字外，还有可能是大写字母 X 或小写字母 x)。

【问题分析】

可以利用字符串处理函数，结合正则表达式来实现。

(1) 总长度是 18 位。

(2) 可以是 18 位纯数字，也可以是 17 位数字最后加字母 X 或 x。

【参考步骤】

(1) 新建一个页面。

(2) 编写 JavaScript，把结果输出到控制台，如示例 8-14 所示。

示例 8-14：

```
<!DOCTYPE html>
<html lang="en">
<head>
    <meta charset="UTF-8">
    <meta http-equiv="X-UA-Compatible" content="IE=edge">
    <meta name="viewport" content="width=device-width, initial-scale=1.0">
    <title>身份证号的验证</title>
</head>
<body>
    <script>
        // 定义正则
        let reg = /^\d{10}[01]\d{6}[\d|X]$/i ;
        // 测试
        console.log(reg.test('1105551990016167471')) ;
    </script>
</body>
</html>
```

单元自测

一、单选题

1. 正则表达式 "/[m][e]/gi" 匹配字符串 "programmer" 的结果是(　　)。

A. m
B. e

C. programmer
D. me

2. 下列选项中，可以完成正则表达式中特殊字符转义的是(　　)。

A. /
B. \

C. $
D. #

3. 下列正则表达式的字符选项中，与"*"功能相同的是(　　)。

A. {0,}
B. ?

C. +
D. .

二、问答题

1. 正则表达式"[^a]"的含义是匹配以 a 开始的字符串吗？

2. 正则表达式 exec( )方法和 test( )方法有什么区别？

拓展作业

　　一般购物网站，客户在线上购买商品的时候都需要填写收货地址，包含姓名、地址、手机等信息，请在网页端设计此界面，并使用正则表达式实现姓名(只能是中文)、手机号(11位的手机号码)、地址等有效性验证，结果如图 8-10 所示。

图 8-10

```
完成工单
```

PJ08 使用正则表达式实现项目的登录验证

某公司拟开发一套购物商城项目，该系统包括登录、商品管理、商品详情、购物车、订单等模块。

其中登录模块是系统的入口，包含用户名、密码。

本次项目重点讨论如何使用正则表达式，先在客户浏览器端验证用户名和密码的有效性；浏览器验证通过后，才能登录提交给服务器验证，从而降低服务器的压力。

【任务描述】

用户名为 3～9 位数字或字母，密码为 6 位数字或字母。

【任务分析】

(1) 设计 UI 界面。

(2) 可以使用在网页中嵌入<script>标签的方式实现，也可以使用外联模式的 JavaScript。

(3) 使用正则表达式，分别完成 3～9 位用户名、6 位密码的有效性验证。

【参考步骤】

(1) 创建新的 HTML 页面，命名为 login.html。

(2) 更改网页中<title>的值为 "登录验证"。

(3) 修改 html 页面布局。

(4) 外链接/js/login.js 的 Javascript 代码如示例 8-15 所示。

示例 8-15：

```javascript
//表单验证
let login = document.querySelector('.btn');
let usename = document.getElementById('usename');
let pwd = document.getElementById('pwd');
let usenameVal = ' ';
let pwdVal = ' ';

let namePattern =   /^[0-9A-Za-z]{3}[0-9A-Za-z]{0,6}$/;        //3 位字符，再加 0～6 位字符
let pwdPattern = /^[0-9A-Za-z]{6}$/;

login.onclick = function() {
    usenameVal = usename.value;
    pwdVal = pwd.value;
    if (usenameVal == ") {
        alert('用户名不能为空！')
```

```
    } else if (pwdVal == '') {
        alert('密码不能为空！')
    } else {
            if (namePattern.test(usenameVal) == false) {
                alert('用户名错误,请输入 3～9 位数字或字母') ;
            } else {
                if (pwdPattern.test(pwdVal) == false) {
                    alert('密码错误,请输入 6 位数字或字母') ;
                } else {
                    localStorage.setItem("usenameVal", usenameVal);
                    localStorage.setItem("pwdVal", pwdVal);
                    window.location.href = '../index.html'
                }
            }
    }
}
```

PJ08 拓展训练

完成 8～16 位更强的密码验证,要求数字、大写字母、小写字母、其他字符(!@#$%^&*( ) + ./[] = { }等)等 4 种方式共同组合,且每种方式至少都出现过一次。

PJ08 评分表

序号	考核模块	配分	评分标准
1	用正则表达式实现项目的登录验证	80	1. 正确创建页面和 JavaScript 文件,文件名称无误(10 分) 2. 正确使用正则表达式(30 分) 3. 编写登录按钮的 click 事件(20 分) 4. 正确显示内容(20 分)
2	编码规范	20	文件名、标签名、退格等符合编码规范(20 分)

单元小结

- 掌握正则表达式的语法。
- 熟悉正则表达式的应用范围。
- 掌握常用的正则模式。
- 熟练掌握常见的表单验证。

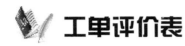 **工单评价表**

任务名称	PJ08.使用正则表达式实现项目的登录验证				
工号		姓名		日期	
设备配置		实训室		成绩	
实训任务	1. 完成登录界面的页面设计。 2. 使用正则表达式实现登录验证。				
任务目的	实现登录验证功能。				

任务编号	开始时间	完成时间	工作日志	完成情况
PJ08				

1. 请根据自己任务完成的情况，对自己的工作进行自我评估，并提出改进意见。

   技术方面：

   素养方面：

2. 教师对学生工作情况进行评估，并进行点评摘要：

3. 学习小结：

4. 学生本次任务成绩：